高等教育工业设计专业系列实验教材

产 品 语 意 学

PRODUCT SEMANTICS

符号的运用与意义的传达

THE SYMBOLIC FUNCTIONS AND
COMMUNICATIVE QUALITIES OF FORM

陈 浩 周晓江 主 编

中国建筑工业出版社

图书在版编目（CIP）数据

产品语意学：符号的运用与意义的传达／陈浩，周晓江主编. —北京：中国建筑工业出版社，2020.6（2024.8重印）

高等教育工业设计专业系列实验教材

ISBN 978-7-112-25096-7

Ⅰ.①产… Ⅱ.①陈… ②周… Ⅲ.①产品设计－高等学校－教材 Ⅳ.①TB472

中国版本图书馆CIP数据核字（2020）第075668号

责任编辑：吴 绫 贺 伟 唐 旭 李东禧
书籍设计：钱 哲
责任校对：赵 菲

本书受中国计量大学重点教材建设项目资助

本书附赠配套课件，如有需求，请发送邮件至cabpdesignbook@163.com获取，并注明所要文件的书名。

高等教育工业设计专业系列实验教材

产品语意学 符号的运用与意义的传达

陈浩 周晓江 主编

*

中国建筑工业出版社出版、发行（北京海淀三里河路9号）

各地新华书店、建筑书店经销

北京锋尚制版有限公司制版

建工社（河北）印刷有限公司印刷

*

开本：880×1230毫米 1/16 印张：8¾ 字数：228千字

2020年7月第一版 2024年8月第四次印刷

定价：56.00元（赠教师课件）

ISBN 978-7-112-25096-7

（35785）

"高等教育工业设计专业系列实验教材"编委会

总 序
FOREWORD

仅仅为了需求的话，也许目前的消费品与住房设计基本满足人的生活所需，为什么我们还在不断地追求设计创新呢？

有人这样评述古希腊的哲人：他们生来是一群把探索自然与人类社会奥秘、追求宇宙真理作为终身使命的人，他们的存在是为了挑战人类思维的极限。因此，他们是一群自寻烦恼的人，如果把实现普世生活作为理想目标的话，也许只需动用他们少量的智力。那么，他们是些什么人？这么做的目的是为了什么？回答这样的问题，需要宏大的篇幅才能表述清楚。从能理解的角度看，人类知识的获得与积累，都是从好奇心开始的。知识可分为实用与非实用知识，已知的和未知的知识，探索宇宙自然、社会奥秘与运行规律的知识，称之为与真理相关的知识。

我们曾经对科学的理解并不全面。有句口号是"中学为体，西学为用"，这是显而易见的实用主义观点。只关注看得见的科学，忽略看不见的科学。对科学采取实用主义的态度，是我们常常容易犯的错误。科学包括三个方面：一是自然科学，其研究对象是自然和人类本身，认识和积累知识；二是人文科学，其研究对象是人的精神，探索人生智慧；三是技术科学，研究对象是生产物质财富，满足人的生活需求。三个方面互为依存、不可分割。而设计学科正处于三大科学的交汇点上，融合自然科学、人文科学和技术科学，为人类创造丰富的物质财富和新的生活方式，有学者称之为人类未来"不被毁灭的第三种智慧"。

当设计被赋予越来越重要的地位时，设计概念不断地被重新定义，学科的边界在哪里？而设计教育的重要环节——基础教学面临着"教什么"和"怎么教"的问题。目前的基础课定位为：①为专业设计作准备；②专业技能的传授，如手绘、建模能力；③把设计与造型能力等同起来，将设计基础简化为"三大构成"。国内市场上的设计基础课教材仅限于这些内容，对基础教学，我们需要投入更多的热情和精力去研究。难点在哪里？

王受之教授曾坦言："时至今日，从事现代设计史和设计理论研究的专业人员，还是凤毛麟角，不少国家至今还没有这方面的专业人员。从原因上看，道理很简单，设计是一门实用性极强的学科，它的目标是市场，而不是研究所或书斋，设计现象的复杂性就在于它既是文化现象同时又是商业现象，很少有其他的活动会兼有这两个看上去对立的背景之双重影响。"这段话道出了设计学科的某些特性。设计活动的本质属性在于它的实践性，要从文化的角度去研究它，同时又要从商业发展的角度去看待它，它多变但缺乏恒常的特性，给欲对设计学科进行深入的学理研究带来困难。如果换个角度思考也许会有帮助，正是因为设计活动具有鲜明的实践特性，才不能归纳到以理性分析见长的纯理论研究领域。实践、直觉、经验并非低人一等，理性、逻辑也并非高人一等。结合设计实践讨论理论问题和设计教育问题，对建设设计学科有实质性好处。

对此，本套教材强调基础教学的"实践性"、"实验性"和"通识性"。每本教材的整体布局统一为三大板块。第一部分：课程导论，包含课程的基本概念、发展沿革、设计原则和评价标准；第二部分：设计课题与实验，以3~5个单元，十余个设计课题为引导，将设计原理和学生的设计思维在课堂上融会贯通，课题的实验性在于让学生有试错容错的空间，不会被书本理论和老师的喜好所限制；第三部分：课程资源导航，为课题设计提供延展性的阅读指引，拓宽设计视野。

本套教材涵盖工业设计、产品设计、多媒体艺术等相关专业，涉及相关专业所需的共同"基础"。教材参编人员是来自浙江省、江苏省十余所设计院校的一线教师，他们长期从事专业教学，尤其在教学改革上有所思考、勇于实践。在此，我们对这些富有情怀的大学老师表示敬意和感谢！此外，还要感谢中国建筑工业出版社在整个教材的策划、出版过程中尽心尽职的指导。

叶丹　教授

2018 年春节

前言
PREFACE

　　随着社会的发展，用户对于产品的要求也越来越高。符号作为人类精神文化的产物，凝聚着沟通与情感的渴望。产品设计中语意的研究和应用，便是希望通过符号的作用和价值来满足用户更多需求。本书则是作者近些年在这方面的一些思考和总结。

　　非常感谢中国建筑工业出版社能够给予这样一个机会出版本书，促使笔者能够将近年来教学中发现的问题进行系统的梳理，把一些零散的想法整合起来成为一个小成果。然而事情总是知易行难，即使有了这样一个契机，但撰写教材依然是费神伤脑的事情，因为这绝不是简单的拼凑就成。由于离撰写上一本产品语意方面的教材已经过去很久，在教学过程中发现了非常多的问题，但一直没能对这些问题进行全面的整理和思考，所以虽然清楚问题的存在，却始终没有得到较好的解决。最大的问题是整体思路方面，要解决就绝不是简单地修修补补可以实现，而是需要进行全面的考量，这真是一件令人一想到就头疼的事。

　　这次撰写的另一个难点是要配合整套系列教材的要求，本套教材侧重的是可操作性，是要以实训项目为主导的，而这个方面恰恰是笔者之前撰写的教材所欠缺的，之前更多地是集中在语意学和符号学理论的思考上，但在如何将理论与设计实训结合方面却相对薄弱，教材中也没有针对性的作业要求。可以说，作为一本教材确实存在不足，如果没有一定的相关理论的基础，很难在教学中较好地指导学生进行具体的设计操作，这一点也是笔者在教学中能深刻体会到的。所以为了这种可操作性，就更需要把前述的思路理顺，尽量通过各种设计案例的分析使生涩的理论能够浅显易懂。而在实训作业的内容上更是做了许多针对性的尝试，重在产品语意学设计理念的培养，其中难免存在一些不足之处，仅供参考。在这里要特别感谢所有为本书提供课程作业的同学们，没有你们的参与是无法实现这种尝试的。

　　最终成书的质量究竟如何自然需要读者们去评价，但无论如何本书相较笔者之前撰写的《语意的传达——产品设计符号理论与方法》一书，在对于产品语意理论认识的清晰程度上有了较大的提升，确实解决了一些教学中反映出来的问题，再进行授课的时候明显能感觉到教学思路顺畅了许多，也希望能带给各位读者些微帮助，这就是最好的回报了。

　　本书的撰写当然还有一些不尽完善之处，且本书是笔者思考、研究的成果，因此限于水平，尚有一些值得商榷之处，恳请各位读者批评指正！

陈浩

2020 年 2 月

课时安排

TEACHING HOURS

■ 建议课时 32

课程	具体内容	课时
课程导论 （4 课时）	产品语意学概述	4
	关于符号	
	产品语意分析	
产品语意学理论与实训 （28 课时）	产品形式的符号功能分析	4
	影响产品语意传达的因素	2
	修辞与产品语意传达	2
	通过产品内部元素之间的关联传达语意	4
	通过邻近性关联传达语意	4
	通过类似性关联传达语意	12
	讽喻与后现代语意游戏	课外学习
课程资源导航	产品语意学课程作业	课外学习
	课程网站资源导航	

目 录
CONTENTS

01

第 1 章　课程导论

第1章 课程导论

1.1 产品语意学概述

我们的职业（工业设计）绝不是属于艺术家的，也一定不属于美学家，而宁可说是属于语意学家（Semanticist）……物体必须散发出符号，就像孩子、动物和森林大火。

——菲利普·斯达克（Philippe Starck），工业设计师

1.1.1 什么是产品语意学

什么是产品语意学（Product Semantics）? 让我们先来看看下面两个例子。

例一，令人困惑的水龙头：你有没有碰到过如图 1-1 所示的情况，公共场所一个简单的水龙头，却需要在旁边加上额外的文字或图像来提示用户正确的操作方式。为什么需要这样的多此一举？可以设想这是因为经常有人困惑于此。而更多的时候可能连这样贴心的额外提示也没有，我们不得不通过试错或者观察旁人如何使用来"学着"操作看似简单的水龙头。这是用户的问题吗？

"你若在使用物品时遇到麻烦——开这个门时是推还是拉，或是在想如何操作变化无常的现代计算机和其他电子产品——那不是你的错。不要责备自己，应该责备那些设计人员。这是技术性问题，更确切地说，是设计的问题。"

"当我们首次看到某种物品时，如何知道它的使用方法？我们如何设法使用数以万计的物品？答案是：物品的外观需要为用户提供正确操作所需要的关键线索。"

"设计必须反映产品的核心功能、工作原理、可能的操作方法，以及反馈产品在某一特定时刻的运转状态。设计实际是一个交流过程，设计人员必须深入了解其交流对象。"（摘自唐纳德·A·诺曼《好用型设计（The Design of Everyday Things）》）

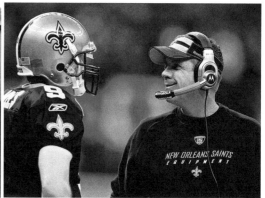

图 1-1 语意提示存在问题的水龙头（作者拍摄于公共场所）　　图 1-2 NFL 教练用耳机（设计者：摩托罗拉公司）

事实上，当我们在进行简单的操作，比如使用水龙头、开门、开灯时，理想的方式应该是直觉性地就完成了操作，而不用打断你正在想的事情或者和边上人的谈话，甚至不会觉得自己做了这个动作，是"无意识（Without Thought）"的。

例二，提升教练自我形象的耳机，如图 1-2 所示："摩托罗拉曾邀请 Herbst LaZar Bell（工业设计公司）设计全国美式足球联赛（NFL）的教练用耳机。请你注意，这些可不是一般的耳机。它们必须是高性能的……耳机的设计是一个挑战。小巧轻便的耳机，尽管要尽可能舒适但还不要太大……不过，最大的挑战是，在做到这一切的同时还要令教练满意，突出受过严格训练的强大领导者的英勇果断的自我形象，他们指导着世界上最强壮的运动员而且总是胸有成竹。"（摘自唐纳德·A·诺曼《情感化设计》）

以上两个案例，第一个是反例，第二个是成功的案例；一个有关行为操作，一个有关情感体验。但都表明一个问题，产品的形式可以传达出能为用户所体会的意义，能和用户产生联系和交流。然而，通常设计师并未有意识地利用他们所设计的产品的形式进行沟通，我们总是要依赖其他形式的"媒介"和"语言"（就像第一个例子中水龙头上方的文字和图像），而不是产品本身的"语言"进行人机间的沟通。但是，其实产品形式本身就可以是个媒介，可以成为一种传播方式，产品语意学正是要探索这种可能性。设计师必须意识到这一点，通过设计让产品自己说话、自我表达。

一旦意识到形式的这种用途，设计师就可以成为传播者的角色，就像记者通过各种词汇写通信稿那样，可以认为设计师也有着类似的一套形式语言，一套符号系统，在经过创造性的组织后可以将各个必要的部分组织成可以被接收者（即用户）同样理解的整体。但是，不像新闻记者报道的是他们观察到的事件，设计师创造的形式是要报道它们自己，包括产品可能的用途，它们的文化背景，有时，也会包含设计师自己的感受和风格。

产品语意学将符号学理论引入产品设计当中来，根据"以人为本"的设计思想，以符号学的规律和方法来指导产品设计。为此，设计师开始寻求通过使用者的认知行为和形式的自明性来进行产品形式的创造和确定，以实现人机间的沟通和交流。如果说现代主义是"形式追随功能"，人体工程学是"形式追随使用（Form follows use）"，那么产品语意学则希望"形式表达功能（Form expresses function）"或者"形式传达使用状况（Form communicates use）"（比如例一的水龙头设计）。语意性设计也是对单一中性的现代主义功能主义产品的反映，设计师力图使"形式表达情感（Form expresses emotion）"，通过关注产品所处的使用情境的复杂性，使产品形式传达出象征意义和文化内涵，以满足用户多样化的精神需求（比如例二的耳机设计）。

根据这样的思路，设计师使用语意学代替纯粹样式上的变化，运用外形、肌理、材料和色彩来传达意义，以创造出可以为用户理解的且富有魅力的产品。

1.1.2 探索形式的符号性

其实在工业设计的历史中，设计师已经直觉地在使用着语意学。提出了"形式追随功能"这一现代主义格言的路易斯·沙利文也指出："所有自然状态的事物都有其形式……告诉我们它们是什么。"而语意学则将这种探索和运用变得有意识起来。

图1-3 躺椅（设计者：鲁吉·克拉尼）

【如图1-3，鲁吉·克拉尼（Luigi Colani）1965年设计的躺椅，便直觉地运用了产品语意学。躺椅看起来就像一个人头部枕在交叉的手臂上，跷着腿休息的样子，这一强烈的隐喻立即传达出了这一产品的目的、用法和使用状态，表达了躺椅的功能和使用方式。】

而产品语意学的正式兴起则是在20世纪80年代，通过各地学者和设计师的大力推动，在80年代中期成为遍及全球的设计潮流，给当时沉闷的现代主义设计带来灵感，深刻地影响了当代产品设计发展。

语意（Semantic）从中文的字面意思来看是指语言的意义，如果将产品类比于语言，那么产品语意学就是研究产品语言（Product Language）的意义的学问。但从"Semantic"一词来看，更恰当的理解应该是"符号的意义"，毕竟语言只是符号的一类，因此我们也可以理解为产品语意学就是研究产品设计中符号的意义的学问。其理论系统深受世界哲学体系的影响，在德国乌尔姆造型大学的"符号运用研究"中初具其形，更远可追溯至芝加哥新包豪斯学校的查尔斯（Charles）与莫理斯（Morris）的记号论。

1976年，设计师格鲁斯（Jochen Gros）有关产品语言的理论开始接近了产品语意学的概念。他认为：产品语言（产品的意义）与文化情境（技术、经济、生态、社会问题、生活方式）有关，意义是在设计和情境的基础上建立而来的。

1984年，美国的克劳斯·克里彭多夫（Klaus Krippendorff）和德国的雷恩哈特·布特教授（Reinhart Butter）在他们合作的《产品语意学：探索形式的符号性（Product Semantics: Exploring the Symbolic Qualities of Form）》一文中正式提出了产品语意学这一概念。他们选用"语意"这个词汇来强调设计意义的传达过程。他们认为产品的概念如同一段文字，是有意义的，从而批判了现代主义关于空白设计（认为形式本身无意义）的理论。克里彭多夫和布特认为：

产品语意学是对人造形态在它们的使用情境中的符号性进行研究，并且把这一认识运用于工业设计。它不仅考虑到物理的和生理的功能，还有心理的、社会的和文化的语境，我们称之为符号环境。

自1984年开始，设计师与心理学家、信息传播学家进一步扩展了产品语意的概念。这一年的IDMA刊物《Innovation》即以产品语意为主题制作专辑，发出了语意学设计理论的信号。各专家学者除了对产品语意学做出不同的诠释外，都不约而同反思了现代主义。现代主义设计强调产品的功能导向，以产品为中心的思考模式取代了以人为中心的思考模式。在功能论的影响下，人为了适应新的科技，被动接受新的训练，直到能够适应，从而导致物（技术性）凌驾于人的情感之上的局面。

同年，在美国克兰布鲁克艺术学院（Cranbrook Academy），由美国工业设计师协会（IDSA）所举办的"产品语意学研讨会"给出了这样的定义：

> 产品语意学是研究人造物的形态在使用情境中的象征特性，以及如何应用在工业设计上的学问。它突破了传统设计理论将人的因素都归入人机工程学的简单做法，拓宽了人机工程学的范畴，突破了传统人机工程学仅对人的物理及生理机能的考虑，将设计因素深入至人的心理、精神因素。

产品语意学结合了艺术学、人机工程学、传播学、逻辑学、哲学和心理学等多样的学科。设计师可以有许多的手段通过他们的产品来传达语意。

从那时起，产品设计中语意学的研究、分析和运用飞速发展。克里彭多夫进一步从广义上定义了产品语意学的研究内容。产品不仅仅要具备物理功能，还要能够：

①提示如何使用；
②具有象征功能；
③构成人们生活其中的象征环境。

如图1-4所示的阿莱西公司深受欢迎的9093水壶，在这一经典的设计中，就运用了形式丰富的符号性使产品传达出各种语意，比如运用色彩和小鸟形式提示水壶的状态以及如何正确安全地使用，通过色彩搭配和铆钉的象征性体现出了牢固感，并营造出一种后现代的却又融合了装饰艺术风格的象征氛围。

它的设计者，著名的后现代主义建筑师迈克尔·格雷夫斯（Michael Graves）说："建筑和产品设计都仿佛具有讲故事的能力，通过它们，你可以讲述一个有关它们的故事，同时

图1-4　9093水壶（设计者：迈克尔·格雷夫斯）

联想到许多画面。阿莱西小鸟水壶，其简单的几何图形显得非常有个性。当水壶放到灶炉上开始烧水时，壶底部的圆点会变成红色表明正在加热。还有带有凹痕的壶柄形式，蓝色表明这部分是不烫手可以触摸的，当然，还有那小鸟状的壶哨。"

提手的蓝色和手指压痕状形式提示用户可以安全地抓握。提手的头尾端都有红球，提示超出此部分的暴露的金属会烫到人。在这里水壶运用了最基本的颜色符号，提醒人们红色时变热，蓝色时则是冷却的。其形式也立刻显得有趣、亲切、精致，体现出作者标签化的后现代设计风格。

水壶最与众不同、突出的特征是壶嘴圆锥形的红色小鸟，用一种有趣的方式提示着我们这部分具有鸣叫的功能，当水煮开时它也确实会发出像鸟一样的鸣叫声。

水壶底部附近暴露的铆钉是非常有意思的美学处理。这会令人联想到老式水壶中用来确保将壶底固定在壶身上的铆钉，但在这里，它们主要用来使水壶具有艺术装饰风格（Art Deco）。铆钉还为头部较重的装饰物提供了微妙的平衡，并传达出牢固、稳定的感觉。

1.1.3　关注设计中的人文因素

弗里兰德（Friedlaender）认为富于表现力的语意性设计的兴起是对技术主导、对功能主义禁欲者般枯燥乏味的逆反。现代主义运动的格言是"形式追随功能"，这使得产品的形式趋向于单一化，许多人认为它排斥了美学和象征主义。现代主义者厌恶装饰，认为它掩盖了物体的真实形式，转移了人们对于物体的真实看法。他们相信内部的机构可以规范"真实"的外部形式。这样的考虑是以产品的物理功能为中心的。因此设计师在展开设计的时候，考虑更多的是内部机构与外部形式之间的默契与沟通。然而产品本身的这些物理机构之间的默契并不能保证产品和用户之间的默契。科技的非人性化实质使得现代产品在物理功能高效运转的同时忽略了和用户之间的情感接触。

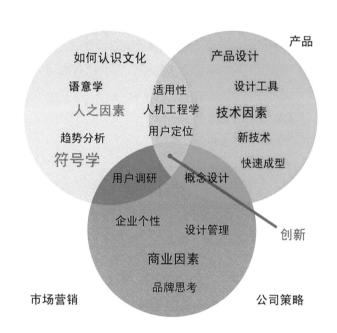

图 1-5　产品语意学在工业设计创新中的定位

如图 1-5，产品语意学和符号学便是作为社会和文化因素的研究方法被引入工业设计领域的。

20 世纪 70 年代到 80 年代初开始，新技术革命迅速发展，使世界逐渐从工业时代进入后工业时代。面对新出现的大量电子产品，语意的暗示开始变得日益重要。

工业时代的产品易于拆解、机构显露、运作过程可见，很容易用"形式追随功能"去解释。而随着高科技的介入，产品形式早已背离了工业时代的法则。对于许多以微电子技术为基础的产品而言，由于功能的执行不再是传统的可感知方式，而是电子的无形运作，产品的功能元件被高度浓缩和隐藏，非专业人员将很难理解其运作，所有的操作都被集中于一个集约的、虚拟的界面中，造成产品的外观形式无法解释和表达其内部功能及使用状态，人无法感知它的内部功能，产品像一个"黑箱"。这使产品的使用者和设计者都陷入了困惑之中。对于使用者而言，产品的操作变得神秘、复杂且枯燥，缺乏乐趣。而对于设计师而言，按照传统的设计理念进行设计也变得缺乏依据，必须寻求新的设计理论基础。设计师应当通过其外形设计，使电子产品"透明"，使人能够了解它内部的功能和工作状态。

　　和同样兴起于此背景的交互设计一样，产品语意学希望对此状况提出解决之道，两者其实存在交叉性。但显然，产品语意学更加关注的是产品形式这一物理界面的符号性和意义，以及它们是如何产生和运作的，而非虚拟界面。

　　图1-6是产品语意学发展早期的一些作品，尝试通过设计为产品尤其是高科技产品加入人文因素，软化用户与产品之间的关系，弱化技术感和复杂性，也使产品更好地融入我们工作和生活的环境。

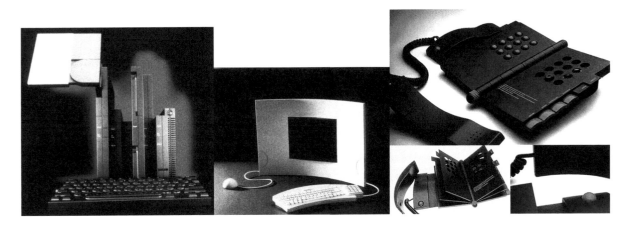

图1-6-a　书状的电脑　　　　　图1-6-b　相框状的电脑　　　　　图1-6-c　记事簿状的电话

　　【如图1-6-a，书本是我们熟悉的符号，是我们传统上获取知识、储存信息的途径，而电脑和书本的功能有类似的地方，由此把电脑的不同功能部件设计成大小高低不同的书本的形状，使人感觉熟悉，从而便于认知，并可区别各功能部件的差异。】

　　【如图1-6-b，设计师将相框这一符号运用在了电脑设计中。相框是用来展示的，而显示器的功能与其类似。这一设计使个人电脑显得优雅、亲切并便于认知。】

　　【如图1-6-c，这款电话机设计充分地将产品语意学的设计目的体现在了电子产品设计中，使产品语意学的应用获得了突破，因此在当时获得了芬兰造型设计竞赛一等奖。设计师首先对电话机的操作方式进行了革新，将其设计成翻页式。在此基础上，为了使用户直观地理解这种新颖的操作方式，设计师便用类似于我们熟悉的分类记事簿的形象替代了传统的电话形象。可开合的数页薄板，就像一页页的纸，"翻阅"它们时便会转换到不同的工作模式。突出的翻页部分类似于分类记事簿的书签，翻动起来非常直观方便。】

1.1.4　产品语意学的局限性

　　当然，产品语意学也有其自身的局限性，需要我们全面地去看待。由于产品语意学的理论基础是符号学，因而免不了受到符号理论本身的局限，使"产品语意"的内涵充满不确定性，据此建立的造型模式或赋形依据也就受到质疑与挑战。这主要体现在以下几点：

①对"语意"的研究，实质仍是对于"意念"的探寻，其中仍有许多虚拟的模式和不可知的部分，极少有精确的实验结果。因此，总要在虚构和精确之间权衡；

②设计师编码的语意很难被（如预想的）理解，解码结果不是一对一的；

③不同的使用情境容易引起对"语意"理解的混乱；

④各个地域文化的差异性也给"语意"带来极大的模糊性。

比如图 1-4 的水壶，设计师本人也坦诚各种寓意都是凭借经验进行，并没有特别确凿的依据，而许多语意可能很多用户也无法一一解读出来。

从根本上说，产品形式是具有更多图像性的符号，建立在相似性的基础上。产品形式这种与生俱来的图像性使它可以表达丰富的意义，但不像语言这样的符号形式，产品的符号形式（以及它们的意义）是互相混合的，不可能有一个全面而标准的符号的"辞典"和语法结构。这使得它们会在语意的精确性以及语法问题上陷入困境，其意义的传达实际上是有限的，只能是一种基于暗示性的和推测性的意义，远远无法如象征性图标、口语和说明文字那样表达确定、复杂的功能或者操作程序。只能说两者各有千秋，后者更精确，而前者则更加形象，更加人性化。如同我们在进行严谨的传达意图时倾向于使用语言、文字和数字等精确的符号，而在这些传达意图之外，我们可以用姿态、手势、面部表情和语调等辅助方式进行表达。因为这些相似性的符号可以很好地表达我们的情感和态度。

无论如何，产品语意学对于以人为中心的思考模式的强调，对于以产品为中心的思考模式和过于强调功能导向的现代主义的反思，是具有积极意义的。

1.2 关于符号

1.2.1 什么是符号

既然产品语意学是要探讨产品形式的符号性，那么我们当然要首先来了解一下什么是符号。

符号，汉语里又称记号、指号、代码等。在日常生活中，符号一般是指代表事物的标记，比如用来代表一个人的姓名和身份证号码，便是符号。

生活在信息时代的我们应该比历史上任何年代的人都深刻体会到符号的价值和力量，因为任何信息都是由各种符号构成的。如果没有符号的存在，信息的传播将成为不可能完成的任务。可以说，符号是今日社会高效联系的基础，而我们每个人都生活在符号王国中。甚至可以说，如今远离自然的我们生活的世界几乎都是符号化的。

而对于符号的具体定义尽管见仁见智，但其基本思路还是一致的，大致说来：

首先，符号是一种有机体能够感受到的刺激或刺激物，如烟火、气味、声响、语言、文字、绘画、图片等。

其次，符号是两个事物之间的"代表"或者说媒介，是个"第三者"。比如，现代的广告就是各种符号的组成，它只是"代表"商品本身来同顾客沟通。

最后，也是最重要的一点，无论有意还是无意，符号总显示着某种意义（Meaning），总与意义形影不离。也就是说，没有无意义的符号，也没有不寓于符号的意义。正因如此，传播学研究通常都把符号视为传播的元素或要素。

图 1-7　自行车符号

如图 1-7 所示，这是一个有关自行车的符号。首先，它是一个刺激物（视觉图案）；其次，它是作为一个媒介，一个第三者代表真实的物与人进行沟通；再次，它显示着特定的意义：自行车或者与自行车（非机动车）相关。

1.2.2 符号模型

为了更为清楚而直观地表达符号概念，一般都用符号模型来描述符号，由此衍生出了如今被用来描述符号的一些基本术语。基于具体理念的不同，可以有多种符号模型，其中主要有符号三元一体模型（语意三角）和符号二元一体模型，但其核心内容仍是一致的。

（1）三元一体模型

在符号三元一体模型里，符号是能指、所指、指涉物这三者的全体指称，其中：

能指（Signifier）：也可称为符号载体，是符号的形式，亦即可辨识的可感知的刺激或刺激物。在产品中可以认为是产品造型的表现形式（包括形态、结构、材质等）。

所指（Signified）：是符号所表达的意义，或者说能指所代表的"意义"，如文字所表达的意义。

指涉物（Referent）：能指所代表的具体事物，如"树"这一字所指的现实中"树"这一客观对象。
符号的语意三角就是用来澄清能指、所指、指涉物关系的模型，如图1-8。

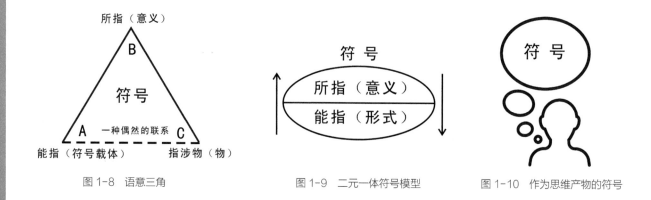

图1-8　语意三角　　　　　　图1-9　二元一体符号模型　　　　图1-10　作为思维产物的符号

（2）二元一体模型

为了便于理解，我们可以用更为简单的二元一体模型来描述符号（图1-9），即指符号等于能指
"载"所指。符号二元一体模型是由著名的瑞士语言学家索绪尔（Ferdinand de Saussure）提出的，
而符号学研究中普遍采用的"能指"和"所指"的术语也由他发明。

这一模型表明一个事物成为符号所要具有的要素，其中最为重要的就是能指（符号的形式）和所
指（符号的意义），两者不可分割地联系在一起。用索绪尔的话说：能指和所指就像一张纸的两面，是
紧密联系的。当我们运用符号的时候，这两者是作为整体同时同位地出现在我们的思维中，这样我们
才可能运用符号进行思考与沟通。人类使用的各种符号并不是我们所熟悉的客观物理事物，而是我们
的思维产物（图1-10），是一个非实在的心理建构（Mental Construct），是人将一个物品符号化，
赋予其意义，成为人类精神文化的产物和载体。比如很多文物和化石，在普通人看来其实不能称之为
符号，因为他们根本认识不到这些物品包含的真正意义和价值。因此，在如图1-8的语意三角中能指
（符号载体）和指涉物之间的关系被用虚线表示，就是为了表明两者之间的关系并非客观必然。

在后面的内容中，为了方便理解，我们都将符号通俗地视为形式（能指）和意义（所指）两部分
构成的整体。

1.2.3　产品中涉及的符号

与产品设计相关的意义可能通过四种符号途径进行传播，但涉及的这些不同范畴、不同特性的符
号并非全都属于产品语意学关注的领域，需要我们加以理解和区分。

（1）**信息呈现（Information displays）**：比如产品中的屏幕、扬声器和可移动的标牌。它们提供的信息所对应的现象和产品形式没有什么关系，设计师所关注的只在于这些显示和用户之间的界面。因此，这部分不属于产品语意学的范畴，而是属于软件和交互设计。

如图 1-11 的 AI 音响，通过声音和图像的呈现向用户提供各种信息，用户可以与之进行交互。而如图 1-12 的相机屏幕显示的信息也属于这一符号范畴。

（2）**图形元素或二维标记（Graphic elements or two-dimensional markers）**：包括固定在产品表面的商标、色彩标示和文字说明等，这些标记所具有的意义通常并不是将其作为传播媒介的产品所固有的，而是附加上去的。比如语言符号，它们有着自己的语意学领域，可以在产品语意学领域外去研究。

如图 1-12 中，相机的 Logo、各种文字、图案和色彩标识都属于此类符号。

（3）**产品的外观、形状和材质（A product's form, shape and texture）**：这些特征揭示的信息包括这个产品是什么，如何被使用，被谁使用，在怎样的情境下使用，出于什么样的目的，以及会产生怎样的后果。虽然使用图形可以达到同样的目的，但是一个产品的形式、外观和材质却具有产品固有的真实感。因此，

图 1-11　HomePod 人工智能语音音响（设计者：苹果公司）

产品的外观、形状和材质的符号性意义是产品语意学最为关注的领域。

如图 1-13 中，蓝牙音箱的形状能让我们直观地联想到去旋转操作，而事实上该产品也确实是这样调节音量大小的。

图 1-12　佳能相机

（4）产品内部状况的指征（Indications of a product's internal states）： 这些将显示产品使用时的特定运行状况。这些指征可能运用三维的形式，比如刻度盘或者电源开关的位置；或者二维图形元素的位置，比如刻度盘的动态指针。飞机驾驶舱的飞行仪表就例证了这种指征。不论简单还是复杂，它们既不像一个产品的形式或者附于部件上的图形元素那样是不可改变的固定着的，也不像电视影像和电视台拍摄的内容相互对应那样和外部的变量相对应。产品内部状况的指征使用户可以不用拆开产品就能了解到它可能是如何内在运作的。设计师可以选择去可多可少地揭示这些信息或者运用逻辑性去帮助理解，但他们必须赋予形式足够的信息以便于用户成功地操作产品。产品语意学非常关注所提供的关于产品的组织结构和内部运作信息的逻辑性。

图 1-13　小米小钢炮蓝牙音箱　　　　　　　　　　图 1-14　小米移动电源

如图 1-14 中，移动电源的指示灯就是产品内部状况指征的一个简单例子，让我们能够直观地了解电量的状况。

上述四种符号途径有着明显的差别，其中有些我们往往可能认识不到它们是符号，尤其是产品语意学最为关注的第 3 种和第 4 种。但如前所述，只要人们能从中解读出意义来，那么它其实就成了符号。这四种传播途径可能由于提供给用户的信息相互重叠而产生冗余，信息冗余通常有助于理解，但是这些途径可能也会由于提供给用户的信息之间相互矛盾而产生冲突，或者它们可能无法提供足够的信息，导致错误应用和误操作，因此需要我们在设计时综合考量，相互协调。

1.3 产品语意分析

符号是由形式（能指）和意义（所指）组成的统一体，而顾名思义，对于产品语意学来说关注的自然是符号的意义。如果我们要使产品形式传达出恰当的语意，就需要对符号意义本身的性质有所了解。

1.3.1 外延意义与内涵意义

一般认为，符号的意义包含了外延和内涵两个部分，是两者的有机统一。在符号学中，内涵和外延是用来描述符号形式（能指）和符号意义（所指）之间关系的术语。

外延（Denotation）：是符号具有的那些确定的、显在的或者常识性的意义。就语言符号而言，外延是那种辞典上努力规定的意义，如电视在外延上代表"可提供声音、影像的电子产品，包括屏幕及喇叭"。

在产品设计中，常以功能的描述，使被指涉事物具体化。久之，产品造型与功能便形成互相对应的因循法则，即"形式追随功能"。在产品中，外延指的是产品在表达使用上的目的、功能所借助的形态元素或事物，也即产品的物理属性，包括功能、操作方式、规格等。由于符号本身具有的形式和意义的统一性，因此这些意义都有其相对具体而确定的表现形式。

内涵（Connotation）：这个术语通常指符号中包含的社会文化和个人的联想（意识形态、情感等）。这些都与解读者的阶级状况、年龄、性别、种族等有关系。符号的内涵要比它的外延更加多维，更加敞开。在设计中，常以传播上的需要，赋予产品特定的属性，如电视在"内涵"上代表的是"提供休闲的产品"或"传播信息的通道"。

与外延相比，内涵并不使产品和其属性形成固定的对应关系，这是因为对于不同的解读者，产品将被赋予不同的意义。比如电视机对部分人而言，可能代表"愚弄大众的工具"，或者"打发无聊时间的工具"。

可以说，产品符号内涵的产生是建立在人们有意识的联想基础上，体现着产品与用户的感觉、情绪或文化价值交汇时的互动关系，而不像外延那般通常表现为无意识的反应。所以，形式本身以及使用情境的暗示就显得非常重要。

比如同是正装或休闲服，在一个要求穿正装上班的公司里，当某人穿着正装出现时，他的穿着是合乎标准的，同事不会意识到它可能蕴含的内涵意义。而当他有一天穿着牛仔、T恤出现时，同事就会对其服装表现出关注，内涵意义随之产生。而在一个较为随意的休闲场合，情况则会相反。

可见，符号的外延是较为理性的意义，而内涵则具有不稳定的非理性成分（图1-15）。

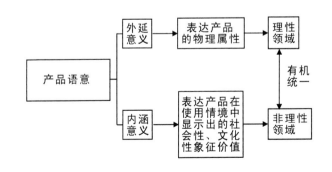

图1-15 外延意义和内涵意义

图 1-16　咖啡勺（设计者：HOGRI）

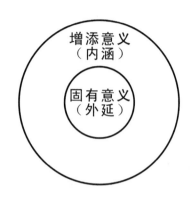

图 1-17　固有意义和增添意义

　　如图 1-16 的咖啡勺设计便运用了人的面部表情符号来产生内涵意义，具体分析参见表 1-1。

　　由于产品功能的固有性，我们也可以将产品的外延意义理解为固有意义，而内涵则是增添意义。前者较为狭隘，而后者的范畴则要广阔得多，如图 1-17 所示。

咖啡勺的外延意义和内涵意义	表 1-1
外延意义	咖啡勺的功能
内涵意义	咖啡勺上的各种面部表情，以及由此产生的联想，比如在一些场合或一些人看来会觉得萌、可爱；而在另一些场合或另一些人看来可能会觉得幼稚等

1.3.2　内涵意义的产生

　　为了清楚地表达外延意义和内涵意义如何共存于一个符号之中，许多符号学家都采用了路易斯·叶尔姆斯列夫（Louis Hjelmslev）所定义的内涵符号学的概念，将内涵和外延根据层级的表达和层级的意义来表述。叶尔姆斯列夫用"表达"和"内容"来分别指涉文本的形式和文本的意义（图 1-18）。

　　罗兰·巴特则将其称为不同序列的表意（图 1-19）。虽然和叶尔姆斯列夫的表述存在差异，但两者的基本概念是一致的。

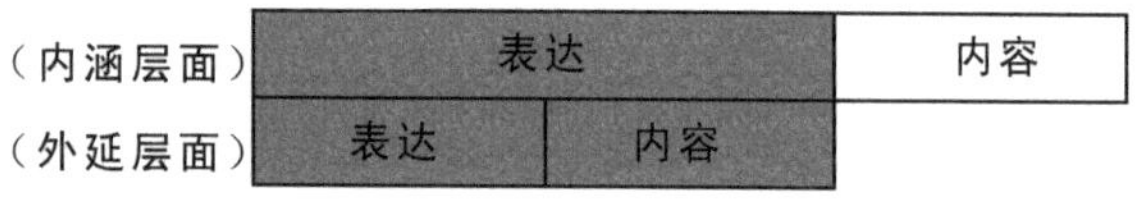

（内涵层面）	表达		内容
（外延层面）	表达	内容	

图 1-18　叶尔姆斯列夫对于外延和内涵的表述

符号 b		
（内涵层面）能指（形式）		所指（意义）
（外延层面）能指（形式）	所指（意义）	
符号 a		

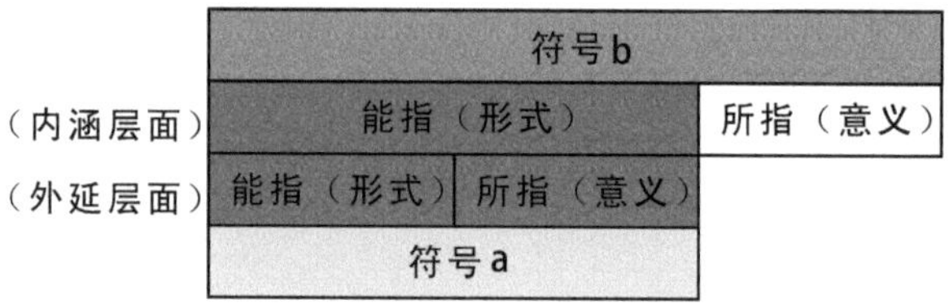

图 1-19　罗兰·巴特对于外延和内涵的表述

第一个序列的含义是外延；在这个层面上，有一个由形式和意义组成的符号 a，内涵是第二序列的含义，它使用外延符号（形式和意义的整体）作为其形式的基础，并且与它的额外的意义（内涵）相联系，构成符号 b，如表 1-2 所示即为人的表情表达的内涵意义。

咖啡勺的层级意义分析		表 1-2
符号 b		
各种面部表情		喜怒哀乐、可爱、幼稚……（内涵意义）
咖啡勺的形式	咖啡勺的功能（外延意义）	
符号 a		

逐渐地，我们可以得出这样的观点：一个符号虽然可以表达一个事物，但却可以是一个负载着多重意义的装置。这样的符号可以看作源于另一个符号的形式或者另一个符号的意义的新的符号，额外的内涵意义是由另一个符号的意义产生的，比如人的面部便是通过喜怒哀乐的表情符号传达各种内涵意义。

这样，我们便可以运用其他领域的符号形式使产品这样的人造物具有其固有的外延意义之外丰富多样的内涵意义。

图 1-20　Moon Reach Ladder（登月梯）（设计者：Mike Mak）

【如图 1-20，在中国传统文化中，"月"是一个非常美丽的文字符号，这其中承载着太多诗情画意。Moon Reach Ladder（登月梯）采用了汉字"月"的造型，尽管这个"月"多了几横，但不妨碍我们辨识。通过这一形象产生的内涵充分体现了汉字的气韵，又蕴含了登高揽月之意，堪称形神合一的佳作。】

这种情况在如图 1-20 这样整体高度隐喻的产品中体现得最为显著，而抽象的造型色彩等形式体现的意义也可以认为是产品符号内涵意义的来源。如图 1-21 中，茶壶的内涵意义便是通过小鸟、铆

小鸟形状和色彩的联想产生的内涵意义

把手形状和色彩的联想产生的内涵意义

铆钉形状和材质的联想产生的内涵意义

图 1-21　9093 水壶（设计者：迈克尔·格雷夫斯）

内 涵 内 涵
内 涵 内 涵
内 涵 内 涵
内 涵 内 涵

图 1-22　不同字体的内涵

钉等形象及其他的造型、色彩和材质等形式元素产生的。

　　对于符号外延和内涵意义的拆解在理解上确实较为困难，但无论如何，只要我们有意或无意地借鉴并引入了其他符号的形式，或者说改变一个符号的形式同时保持相同的外延意义，便可以产生不同的内涵意义。比如语词的选择常常产生不同的内涵，而改变字体或者音调也可以包含不同的内涵，如图 1-22 所示。另一个明显的例子是摄影，当拍摄相同的景物时，采用不同的拍摄方式，如彩色 / 黑白、柔焦 / 粗犷、特写 / 远拍等，或者运用不同的滤镜，照片便会产生不同的内涵，这就为设计创意提供了启示。

　　设计本身必然包含着产品形式的改变，所以，内涵意义的产生也是必然的。内涵意义是将具有同样功能（外延意义）的产品区别开来的关键。由于内涵意义对于今天的产品来说显得越来越重要，因此如何有意识地使产品具有独特且具价值的内涵，使内涵意义可控，就成了设计师需要考虑的问题。

　　而从操作上来看，即把第一序列符号的形式和意义构成的整体符号（外延层面）当作第二序列符号（内涵层面）的形式，这暗示着外延是根本的和初级的意义。而第二序列符号的形式和意义之间联系的自由度就是作者的自由度了，并由此产生不同的内涵。以人的形体语言为例，身体是个外延的概念，然而其可表达的情态姿势却可以千变万化。

1.3.3　产品语意学：通过设计使形式传达出用户期望的内涵

　　显然，产品语意学关注的意义是产品形式的内涵意义而不是外延意义，不是可视作符号的产品本身，而是这一产品之外的符号。在上述咖啡勺案例中，设计师和用户关注的显然都不是咖啡勺的外延意义，而是面部表情符号产生的内涵意义，虽然这样的内涵意义与产品本身没有什么必然关系。

　　而在产品语意学中，更为关注的则是产品的内涵意义可能带来的实际效用，如图 1-23 中深泽直人为无印良品设计的 CD 播放机。

图 1-23　无印良品 CD 播放机（设计者：深泽直人）

【这款 CD 播放机，外形与"换气扇"非常相似。只要将 CD 放进去，拉一下垂下来的绳子，就可以开始播放 CD，这个过程就好像打开换气扇一样。即使明明知道这是台 CD 播放机，但因为脑海里总是想着换气扇的形象，当我们凝视这台 CD 播放机时，身体就会产生相应的反应。特别是脸颊附近的皮肤，感觉似乎格外的细腻和敏锐，简直就像等待吹过的风一样等待着播放出来的音乐。（摘自《设计中的设计》）】

从产品语意学角度分析，我们关注的显然不是 CD 机这一符号及其外延意义（CD 机的功能属性），这款 CD 机让我们觉得与众不同是因为设计师将其与另一个产品形象"换气扇"联系在了一起，用换气扇的拉绳开关取代了 CD 机中普遍采用的按键开关，用户通过联想产生内涵意义，既然是内涵意义当然可能因人而异，有些人可能解读出了换气扇，有些人会联想到拉绳式电灯开关，还有些人可能联想到了其他，但无论怎样，总之这个符号产生了作用，引导我们去直觉性地拉动绳索，CD 机便如换气扇般开始转动播放了。用户通过内涵意义获得了直观而新颖的操作体验，在这里，产品语意学理念是与深泽直人追求的"无意识设计（Without Thought）"理念一致的（表 1-3）。

无印良品 CD 机的层级意义分析　　　　　　　　　　　　表 1-3

符号 b		
换气扇的形式		用户根据换气扇形象产生的各种联想（内涵意义）
CD 机的形式	CD 机的功能（外延意义）	
符号 a		

1.3.4　现代主义设计排斥了产品的内涵

意义包含了外延和内涵两部分。然而在现实中，符号的外延往往掩盖了内涵而出现在首要的位置，内涵容易被我们所忽略，显得无关紧要。比如我们通常会毫不含糊地说"买了台电脑"、"买了一部手机"，无论"电脑"或者"手机"，都只是一个外延，即使更详细些的品牌、技术参数、价格描述，也仍然是外延性的，内涵似乎不存在。

现代主义设计正是通过强调产品形式的外延（物理功能），排斥了与用户心理和社会文化相关的内涵。通过排斥多元丰富的形式语汇，运用高度简化和一致性的功能性形式语汇，使产品变得千篇一律。但是现代主义设计排斥内涵并不表明其不具有内涵，由于内涵的非稳定性，现代主义的形式语汇产生的内涵也随着时代的发展产生着嬗变。由初始的理性、民主、经济实用、现代感等逐渐变化为专制、刻板、单调、乏味、沉闷、缺乏人情味、过时等（图 1-24）。

但这并不能表明内涵就真的无关紧要。在如今市场日益破碎，讲求人性化、差异性消费的时代，内涵的重要性不言而喻。从今天消费者对于产品的需求来看，其价值取向已经不像过去那样单纯。除了基本物理功能的良好，消费者还有更多内涵层面的要求，并且后者正越来越多地起到左右消费的作用，比如前述的咖啡勺子和 CD 播放机，外延功能反而显得次要了。而从根本上来说，产品语意学便是希望赋予产品丰富、明确的内涵，以增加产品的附加价值，而不是关注产品固有的功能价值（外延意义）。

图 1-24　经典的现代主义设计（设计者：Dieter Rams）

02

第 2 章　产品语意学理论 与实训

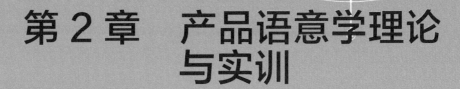

第2章 产品语意学理论与实训

2.1 产品形式的符号功能分析

现代主义设计强调"形式追随功能",然而形式本身就具有功能。产品形式除了物理功能这一外延,还可以具有丰富的内涵,体现出符号功能。

2.1.1 图像符号、象征符号和指示符号

产品形式具有符号性,那么它可以具有怎样的符号性呢?有一种常用的符号分类方式可以帮助我们进行理解和分析。这是由美国符号学家皮尔斯(Charles Sanders Peirce)提出的,在后来的符号研究中被广泛地应用。但现在,这种区分并非作为清晰的符号分类来使用,而是被看作符号形式和它的指涉物(或意义)之间"联系方式"的不同。三者在意义表达上具有不同的作用,如表2-1所示。

(1)图像符号

图像符号主要通过相似性来表现客体,因此判断一个图像符号的关键就是相似性。皮尔斯认为:"每一幅图片(无论其表达方式如何制度化)都是一个图像符号。图像符号具有与它们所表现的客体相似的性质,它们刺激着头脑中的相似的感觉。"为什么特别强调头脑中,是因为符号学中定义的符号其实并不是真实事物的映像,而是我们思维加工的产物,如图2-1的灯具设计中的雨伞就是一个图像符号。

图像、象征和指示符号 表2-1

	图像(Icon/Iconic):这种模式的符号形式被认为对指涉物具有相似和模仿的性质。比如肖像画、卡通画、隐喻、象形文字等
	象征(Symbol/Symbolic):这种模式的符号形式与指涉物之间没有相似性,符号形式和意义之间也无必然联系,而是根本上任意的或者纯粹制度化的(依照一定的传统习惯),因此这样的联系必须经过学习获得。比如语言、数字、交通指示灯、国旗等,可以说象征符号是纯粹文化的产物
	指示(Index/Indexical):这种模式的符号形式不是任意的而是直接以某种方式(物理的或者出于某种原因)与指涉物相联系——这样的联系可以观测或推断。比如"自然符号"(烟雾、雷声、足迹、回声、天然的气味),病理症状(疼痛、脉搏),测量工具(风标、钟表、温度计),信号(敲门声、电化铃声),指示箭头

图 2-1 "Come Rain or Come Shine" 雨伞灯（设计者：Marie-louise Gustafsson & Daniel Franzén）

（2）象征符号

语言就是我们最为熟悉也是最为典型的"象征符号"系统，另一种更加明显的象征符号系统的例子是数学。它们的总体特征是，符号的形式（能指）和意义（所指）之间无必然的联系。我们是根据规则或者约定俗成来解释象征。一个象征是"一个制度化的符号，或者是一个依靠习惯的符号（后天获得的或者是先天就有的）"。

【如图 2-2，2008 年北京奥运会火炬，其设计运用了"祥云"、"纸卷轴"等符号元素，显然这些符号的运用主要不是为了其图像性，而是象征着中国悠久灿烂的文化和中国人民美好的心愿，可以说整个设计内涵厚重。云为自然界中的景象，被赋予祥瑞的文化含义，故有此名。纸是中国四大发明之一，通过丝绸之路传到西方，人类文明也随着纸的出现得以传播。而源于汉代的漆红色也是中华民族的色彩象征。】

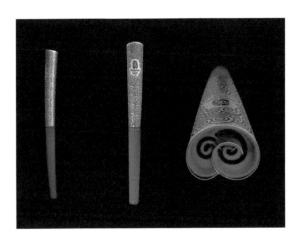

图 2-2 "祥云"火炬（设计者：联想集团创新设计中心）

（3）指示符号

指示符号是一种比较隐蔽的符号类型。

指示符号和它的指涉物之间的联系是真实存在的，这是一种真实的联系，并且可能是"直接的物理性联系"。形式（能指）和意义（所指）之间必须具有一些共同的性质，符号形式是真实地受到符号意义影响的，而不可以完全脱离意义来进行建构。但是这种关系不是建立在单纯的相似性基础上的，指示性关系和它们的指示物之间没有意义重大的相似之处。相似性无法用来定义指示关系。

总之，指示符号是一种较为独特的类型，它可以被视为单纯的关联实体，是建立在关联性的基础上的。而这种关联性容易被掩盖在物质形式之下，需要通过观测和推断获得。并且，这种物质形式本

图2-3 各种指示箭头

身的意义在我们进行推断时会起作用。比如我们看到一个动物的足迹或者闻到某种花的气味，我们需要首先理解其中的意义（这是某动物的足迹、这是某种花的香味），然后我们才可能根据经验进行推断，获得其中包含的指示性意义（这附近有这种动物出没、附近有这种花存在）。而当我们对这种关联性熟悉之后，其中包含的指示性意义就变得自然而然，好像不需要经过推断获得似的。对于自然符号而言，指示符号的物质形式是一些确定的天然痕迹；而对于人为符号，指示符号的物质形式便不是确定的了，它可以根据人们的意愿有所变化，而其指示性意义不变（比如一个指示性的箭头便可以有多种的表达形式，而其指示性意义不变，如图2-3所示）。

在我们的日常生活中，这些人为的指示符号的表现形式可以是图像性的，也可以是象征性的，这使其看起来好像是一个象征符号或者图像符号。因此，指示符号容易被掩盖在特定的象征和图像形式之下，其指涉性显得比较隐蔽。

比如产品按键上的图标（图2-4）看起来似乎只是象征符号，但印在按键上就是典型的指示符号，与内部元件相联系。

图2-4 遥控器（设计者：小米公司）

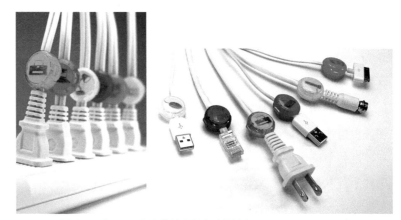

图2-5 "DOTZ"电缆整理组合（设计者：Micah L. Maraia）

【如图2-5，当我们的工作和生活中有越来越多的电子产品的时候，也必然产生很复杂的电缆线路。"DOTZ"电缆整理组合可以帮助我们整理和区分乱麻般的电线。它可以通过色彩和小标贴区分不同的线路。这里的色彩和小标贴似乎是图像符号，但其实主要是起到指示符号的作用。】

不管怎样，指示符号这种建立在真实关系基础上的联系方式是无法用其他两种类型的符号替代的。

2.1.2 符号的基本属性

任意性和制度性是符号最基本的属性。

（1）符号的任意性

对于符号的任意性的认识，更为明确的是符号形式（能指）和意义（所指）之间联系的任意性的认识，将有助于我们理解符号的多样性。

任意的天性是语言的第一原则。在语言中，一个语词，比如"tree"，其符号形式与其包含的意义或者它的指涉物之间是没有任何必然的联系的。如果一开始就用其他任何的单词（比如"bree"、"cree"）来替换它，我们也只能将其当作惯例来接纳。再比如名字，其实跟指代的人也没有什么必然的联系性。虽然符号形式（能指）通常被它的用户作为指代着其意义（所指）看待，然而在能指和所指之间（也就是在语词的形式和它所指涉的概念之间），不是必然的、固有的、直接的或者不可避免的联系。因此，理论上说，这样的联系是任意性的，语言可以看作是具有绝对任意性的符号。这一属性从全世界各个国家各个地区语言的多样性上就可见一斑。当然，其他象征符号（比如数学符号）也具有这种属性。

图像符号虽然没有象征符号那样具有近乎绝对的任意性，但具有多个层级的任意性。而指示符号由于存在能指与所指之间真实的联系性，因此最缺乏任意性。指示和图像符号的形式可以认为更加受到其意义的约束，而象征符号的意义则更多地为其形式的范围所限制。

（2）符号的制度性（社会性）

显然，就象征符号而言，如果按照任意的属性，可以以任何的方式进行表达，那么它的交流功能会被摧毁，就如不同的语言体系已经给我们带来了交流的困难。事实上，任何符号在进入历史境况之后，就无法任意地被改变了。作为它的社会功能的一部分，每个符号获得了一个历史并且具有自身的内涵，它们是为每一个使用符号文化的成员所熟悉的。符号的任意性原则绝不意味着个人可以选择任意的符号形式去指涉给定的意义。

也就是说，符号的任意性原则从来就不属于个人，而是属于社会的，它依赖于社会和文化的习惯。一个符号对于我们有意义是因为我们集体的认可它如此去做。

语言和文字具有近乎绝对的制度性，因此需要刻意学习才能理解。如图2-6，著名的罗塞塔石碑（Rosetta Stone），刻有古埃及国王托勒密五世登基的诏书。石碑上用希腊文字、古埃及文字和当时的通俗体文字刻了同样的内容，这使得近代的考古学家才得以有机会破解出已经失传千余年的古埃及文字。如果没有这一偶然发现的"辞典"，恐

图2-6　罗塞塔石碑

怕即使考古学家们再努力，古埃及文字也只能成为永远的天书。

相比较而言，象征符号在具有绝对任意性的同时也需要最大限度的制度性去约束；指示符号由于本身缺乏任意性，因此并不需要太多的制度性去约束。而比较复杂的是图像符号，我们可能认为图像符号并不具有这样的制度性，因为它看起来就像是对现实世界的真实反映。但事实上并非如此，图像符号同样受到文化习惯的约束，只不过其中存在多个层级的制度性，见表2-2。

不同符号类型的属性	表2-2

类型	属性
图像符号	存在多层级的任意性和制度性
象征符号	趋于绝对的任意性，同时需要趋于绝对的制度性进行约束
指示符号	缺乏任意性和制度性

比如，同是绘画，东方和西方之间传统上就存在很大的差异性。现代各种绘画风格在表达现实世界的时候也存在着巨大差异。而在电影中，因不同拍摄和叙事风格形成的差异性同样是巨大的。这种差异不是描绘对象上的差异，而是文化法则所确定的表达习惯的差异，我们需要通过学习才能认可和运用这些符号。总之，制度性是人类得以沟通的基础，也是人类联系的基础。如果事物只有任意性而缺乏制度性，那么就不能称其为符号，因为它们对于人类社区而言没有意义。

（3）符号的多样性

符号的任意性和制度性原则加深了我们对于符号是人类思维产物（一个心理建构）这种观点的认识。符号形式的稳定性和意义的确定性是由人类文化的约定俗成性和制度性决定的，而不是客观物理性。语言学家 E·萨丕

图2-7　各种电话图标

尔和 B·沃尔夫通过对美洲印第安诸语言的研究，提出了有名的萨丕尔–沃尔夫假说（SaPir-Whorf Hypothesis）：所谓"现实世界"，其实在相当程度上取决于人们所使用的语言。按照这一假说，人们都是按照母语所设定的方向来透视现实、把握世界的，语言犹如一面透镜，映照出不同的景观。于是，问题就不单纯是"现实如何语言如何"，同时也是"语言如何现实如何"。换言之，语言符号不仅是传播信息的媒介，同样也是认识世界的途径，而且更是建构现实的基石。

依据这样的观点，我们每天所面对的"现实"就不是必然如此的事物，"现实"并非独立于人类的纯粹客观的存在，而是一个符号系统。符号所构成的"现实"不是中立的和确定的事物，我们所使用的语言，所使用的产品，所居住的建筑，可以是这样，却也可以是另一番模样。没有任何的符号形式天然地比其他形式更加适合于意义。

如图 2-7 的各种电话图标体现着符号的多样性。

日本浮世绘（图 2-8），同是描绘外部世界，同是图像符号，却与西方甚至中国传统的绘画风格有着明显的差异性，呈现出独特的意象，体现出文化习惯的制度性和多样性。

在产品语意性设计中，设计师需要认识到符号的这些基本属性。

图 2-8　富岳三十六景之一（作者：葛饰北斋）

2.1.3　符号的美学功能、象征功能和指示功能

如前所述，虽然我们一般会把象征、图像和指示符号认为是"符号的类型"，但其实它们不是互相排斥的，在实际情况中无法机械分类。因此，在现实中如果把它作为一种确定的分类方式去界定具体的符号时，就会遇到困难。因为一个符号可以是象征性、图像性和指示性的，或者任何形式的联合。这三种形式"在某个层级会共存于同种形式，并且不可避免的其中一个主导着另外两个"。为此，我们必须将象征符号、图像符号、指示符号和象征性、图像性、指示性概念区别开来（表 2-3）。

符号的联系方式　　　　　　　　　　　　　　　　　　　　　　　　　　　表 2-3

类型	性质
图像符号	可能包含三种联系方式，但以图像性为主导，缺乏象征性和指示性
象征符号	可能包含三种联系方式，但以象征性为主导，缺乏图像性和指示性
指示符号	可能包含三种联系方式，但以指示性为主导，缺乏象征性和图像性

如果只是因为一个符号形式与它描绘的客体相似，那么它不一定就是纯粹的图像符号。以下的符号虽然看起来都是建立在相似性基础上，但主要却不是被看作图像符号，而是象征符号或指示符号。

如图 2-9 中，汉字这样的象形文字会随着时间而改变其模式，在人们的观念中已经逐渐从最初的图像符号成为一种纯粹的象征符号。

如图 2-10 中，心形看起来似乎只是个图像符号，然而在人们的观念中它早已逐渐成为一个象征爱情的符号。♀和♂最初也是图像符号，但如今成为代表女性和男性的象征符号，而这一钥匙圈的特定使用情境中，它们更主要的是体现出指示性，更具有指示符号的提示功能。根据这些符号清楚地表明了它们是为情侣们准备的，哪个是男孩的，哪个是女孩的。

图 2-9 象形文字

图 2-10 钥匙圈

因此，三种符号的区分更是建立在人们对符号的功能目的上，一个符号是象征的、图像的或者指示的主要依赖于符号的使用方式，必须考虑到它们所处的特定使用情境中用户的目的。基于不同的功能性目的，我们会运用不同的联系法则（表 2-4）。一个符号形式可以在一个使用情境中被认为是象征的，而在另一个情境中被认为是图像的，同时在第三个情境中被认为是指示的。当我们谈及一个图像、指示或者象征符号时，我们不是指符号自身的客观性质，而是指解读者对于符号的体验，因为我们已经强调了，意义不是什么客观实在，而是人们的思维产物。比如同样是红玫瑰，如果你只是自己今天心情好买来放在家里面欣赏，那么它于你而言主要是图像性的；而如果你是在情人节买来送给爱人的，那它主要体现的就是象征性；而假设如果你是和某人约会，以此作为信物，那么它更主要是个指示符号。

总之，符号能指和所指之间的关系是动态的，而不是静止的。象征符号、图像符号、指示符号的概念则有助于我们去认识两者之间的关系，指导我们根据不同的情况、不同的功能要求采用不同的符号形式。在产品语意学的实际分析和运用中，为了避免引起理解上可能产生的混乱，我们将用象征性、图像性、指示性去进行表达。

符号的联系法则和功能　　　　　　　　　　　　　　　表 2-4

联系方式	能指与指示物之间关系	联系法则	意义	符号功能
图像性	相似性联系	相似法则	图像性意义	美学功能 （美感体验）
象征性	无直接必然联系	文化法则 （制度性法则）	象征性意义	象征功能 （文化归属）
指示性	有直接必然联系	指示法则	指示性意义	提示功能 （提示引导）

2.1.4 产品形式的符号功能分析

在产品设计中，我们可以根据产品所处的不同情境基于不同的目的，有意识地运用符号的这些性质，通过运用和借助其他符号赋予产品形式不同内涵。这样，一个产品形式虽然一般被归为图像符号，但它同时可以具有其他符号功能。

（1）通过产品形式传达图像性意义（美学功能）

对于产品形式的符号性，我们首先想到的是建立在相似性基础上的图像性意义。那些充满艺术表现感的雕塑般的设计总是充满美感引人注目，其主要体现着美学功能。和诗一样，产品设计中最具表现力和情感的语意使用经常建立在暧昧不明、多重含义和丰富的隐喻之上，情感语意的魅力便在于这种只可意会不可言传的模糊性，即所谓的"所指不明"。但这样的语意缺乏实证基础，很难进行确切分析，使得我们也只能像对待诗歌和艺术品的意义那样去猜测设计师的意图，显得缺乏实际意义，华而不实。因此从严格意义上说，这样的设计和意义并不属于产品语意学探讨的范畴。因为虽然产品语意学关注设计中的人文因素，但也强调实用性，毕竟从运用符号的目的而言首先是为了沟通和传播，而不是为了表现。

阿莱西公司（Alessi）标志性的产品（图2-11），与其说是产品，不如说是批量生产的"艺术品"，很多人买来主要目的不是为了其功能，而是拿来作为摆设和谈资。

 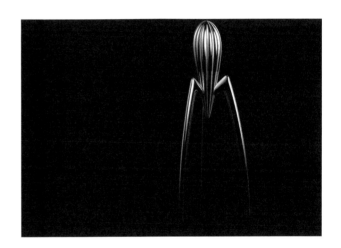

图2-11 阿莱西公司（Alessi）经典的启瓶器和榨汁机

（2）通过产品形式传达象征性意义（象征功能）

可以将产品形式通过象征性意义（内涵）的传达解释产品本身功能属性以外的东西，即产品在使用环境中显示出的心理性、社会性、文化性等象征价值。例如产品给人高级、有趣、可爱的感觉，或通过产品感受文化象征性，或由一系列产品形象传达企业自身的形象等。这种状况下，产品符号成为其他东西的象征，这有助于用户从产品形态语言中获取适宜的信息，实现人机间精神和文化的沟通。由于产品形式天然的图像性，产品形式中的象征性和图像性总是无法清晰分离。区分和判断一个符号的意义是否趋于象征性的关键在于，象征性的基础是制度性，依赖于约定俗成的社会性，而图像性的基础则是相似性。

如图2-12，拉脱维亚设计师Stanislav Katz从传统折扇中汲取灵感，将这一符号融入时钟设计中，使普通的产品因为非物质元素的引入而充满象征意味和文化内涵，显得韵味十足。在这里，显然这一设计强调的不是折扇这一符号的图像性，而是这一深入人心的形象的象征性。此外，折扇开合的形象又和指针走动相结合，是一款非常巧妙的隐喻性设计。

今天，随着市场经济的发展，消费主义的影响日益加深，消费社会意义上的"消费"，是指某种通过金钱购买而获得的、具有满足某种超越基本需要以外的目的物质和活动。例如，为了体现自己的身份或地位而购买某种品牌的衣服才是充分意义上的消费。以实际需要为消费核心的模式已逐渐被以消费欲望为核心的模式取代。消费品的功能性在衰退并让位于时尚性和社会身份性，而这也正是消费主义文化的核心。非物质形态的商品在消费中占据了越来越重要的地位，而物质商品中也渗入了越来越多的非物质元素。与商品的非物质化相联系，符号体系和视觉形象的生产对于控制和操纵消费趣味与消费时尚产生了越来越重要的影响，形象自身变成了商品。鲍德里亚正是据此提出，在消费社会，人们消费的已不是物品，而是符号。

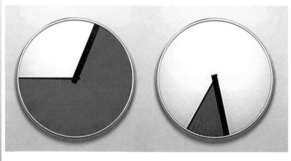

图2-12　Fan Clock（设计者：Stanislav Katz）

在这种情况下，产品的文化内涵成了消费动机的主导因素，产品传达的象征性意义变得越来越重要，这是产品语意学需要关注的内容。

在这里我们还需要进行的另一个区分是，产品本身作为象征符号和运用（借助）其他象征符号传达象征意义之间的区别。比如劳斯莱斯汽车这样的产品（图2-13-a），某种程度上是身份和地位的象

图2-13-a　劳斯莱斯汽车　　　　　　　　　　　图2-13-b　消防栓

征；图 2-13-b 中的消防栓也已经成了深入人心的象征符号。但这不是产品语意学探讨的范畴，因为这样的象征意义是产品本身随着时间沉淀后的约定俗成，而产品语意学所探讨的是去运用业已存在的符号。

比如以下几个设计都运用了"胶囊"这一符号（图 2-14），因为这一形象本身已经成为一个约定俗成的关于药品的象征符号，人们很自然地会根据这一熟悉的符号展开联想（比如这可能像胶囊一样是个容器，或者跟胶囊一样可以旋转打开）。在这里重要的不是它作为药品符号的象征性意义，而是起到了我们接下来要探讨的"如何操作"的提示功能，传达着指示性意义。

图 2-14-a　胶囊小容器

图 2-14-b　Capsule Radio Clock
（设计者：Pascal Barde）

图 2-14-c　ORBIT 摄像头（设计者：Max Dahl）

图 2-14-d　智能迷你红外温度计（设计者：DolPhin）

（3）通过产品形式传达指示性意义（提示功能）

可以通过指示性意义（内涵）的传达召唤出产品本身无法直接向用户传达的产品所固有的功能属性，即通过对产品的构造形态，特别是特征部分、操作部分、标示部分等的设计，表达产品的物理性、生理性功能价值。例如产品有哪些作用、如何进行正确操作、性能如何、可靠性如何等。

可以说，通过产品形式传达指示性意义是产品语意学最早也是最为关注的方面。产品语意学某种程度上是对缺乏人机沟通、非人性化的现代主义设计的反思，显然远离了冷漠乏味的功能主义。然而作为一种设计理论，它和功能主义之间也保持着某些相同的要求。和功能主义一样，语意学也强调实用性，但是它力图通过形式的自我说明（自明性）来实现这一目的，而不是单纯形式上的简化。通过用户的认知行为需要，而不是机器的"内部结构"来确定产品的形式，运用人们认知活动中的习惯性反应来确定产品的形式。

德国工业设计师 Dieter Rams 著名的"好"设计的十大准则里其中一条就是——好的设计让产品说话（Good design helps a product to be understood）。好的设计应当以合理方式让产品的结构清晰明了。最好的设计是自明的，它能够自己解释自己。

对于功能与形态的联系强度大大削弱的电子产品，更有必要加强此方面的内容。随着科技的加速发展，产品更新越来越快，产品功能和操作上的多样化、复杂化使人们在使用时日益感到困难和茫然。科技和产品的进步应该带给人便利和愉悦，而不是使人们成为技术和产品的奴隶。

产品语意学的研究便是希望改变这种状况，希望通过设计师的努力，使产品的外部形式能够解释和表达其内部功能及使用状况，通过视觉和形式的暗示进行意义的传达，以此实现人机之间信息的沟通和交流，使产品人性化。产品对于用户而言是个工具，因此设计师塑造的每一样工具都要能够使它表现出其本性和用途。诺曼认为："当一个简单的物体需要图片、标注或者介绍时，这个设计就是不成功的。"比如当设计师需要依赖其他"语言"把"推"这一简单的操作从"拉"这一操作中区分出来的时候，其设计在通过形式进行沟通方面就是不成功的，如图 1-1 中的水龙头。

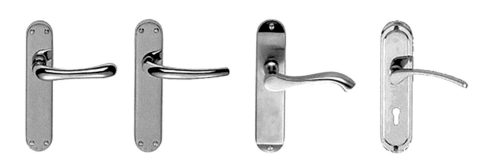

图 2-15　各种门把手

而更糟糕的是，产品形式的表达甚至经常引起人们的误解，比如在希望传达"拉"的动作的时候被解读出"推"的意义来，这些都是由于设计师对于产品语意传达的无意识造成的。因此作为设计师，必须意识到产品形式本身在讲一种语言，并且这种语言所传达出来的意义会出现在用户意识的最前沿，它总是和用户处在首要和直接的接触中，而且它不像新闻报道那样会被读者很快消费掉，会和用户产生长期的接触，因此语意的错误很容易给人们的认知和操作带来长久的不便。

如图 2-15 所示的把手设计，前两个设计没能暗示操作把手时转动的方向，用户根据认知习惯，甚至容易产生直接"拉"的反应，由于用户的认知习惯是长期建立起来的，这种冲突便可能每次都会发生，因为我们一般不会为了这样的情况去通过刻意的记忆扭转自己长期形成的认知惯性；而后两个设计则提供了这种暗示，用户直觉地便会顺时针操作。虽然只是个细节，但带给用户的便利将是长久的。

如果说现代主义是"形式追随功能"，那么产品语意学则是"形式表达功能（Form expresses function）"或者"形式传达使用状况（Form communicates use）"。通俗地说，产品语意学是要试图通过其形式表明产品"是什么"或者"如何使用"（表2-5）。大部分用户通过试错，或者通过参考使用说明来解决产品使用问题，而语意学则努力通过产品的形式来传达这些细节。

对于那些创新性的产品而言，上述目标更显得极为重要。

产品"是什么"和"如何使用"	表2-5
产品是什么（本质）	产品如何使用（操作）
比如，搅拌器是一个切碎并混合食物的器具，它通过急速旋转，将食物切片、捣碎，使各种大块的食物成为同质的泥浆状物体，然后释放出来	那些按钮是干什么的，它们如何区别，哪个是快哪个是慢，每次要按多少个，它如何被拆开清洗，之后它又如何组装，等等

【如图2-16，谷歌Titan是一种比密码更安全的物理密钥，这是个创新的产品。密码是最被广泛接受的安全形式，但它并不完全是最安全的。通过向配置文件中添加第二层安全性（双因素身份验证），你可以确保它们的安全性，但是你会使登陆过程变得更加困难。然而，谷歌的Titan安全密钥使2FA（双因素身份验证）变得简单，因为它实际上是一个单独的物理密钥，可以解锁你的配置文件。为了使人们在使用Titan时能够直观地感受其用途和操作方式，Titan被刻意地设计成了钥匙的形状。】

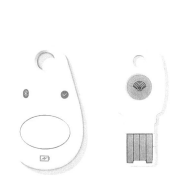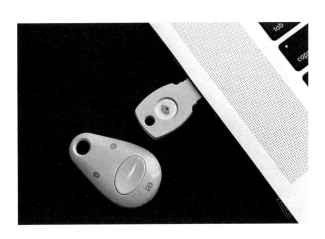

图2-16　谷歌Titan（设计者：谷歌公司）

【如图2-17，这款空气净化器的内部过滤系统被一系列重叠的功能性翅片优雅地包裹着，这些翅片引导空气的进出。它的形状就像是一个抽象的漩涡，或看起来更像个雕塑，而不像是家电。并且，漩涡动感的形象不仅仅作为装饰，还可以令我们联想到其使用状态，甚至使用的效果，虽然这个产品并不会真的如漩涡般转动。】

图 2-17　空气净化器（设计者：Cheng-Hann Wu ）

当然，对于功能和操作复杂的产品而言，语意学的表达不可能代替说明书。图像符号的特性决定了产品形式无法表达精确复杂的意义，许多语意学的考虑都是相当细节性和暗示性的，但却可以带给用户额外的便利、乐趣和信赖，体现以用户为中心的设计思想。

2.1.5　产品语意传达目标

综上，我们就可以通过为产品形式引入另一个新的符号性意义使其传达出额外的图像性意义、象征性意义和指示性意义。我们也可以将这三种意义与唐纳德·A·诺曼在《情感化设计》一书中提出的三种不同水平的设计结合起来（表 2-6）。图像性意义是本能水平的，属于形而下层面；指示性意义是行为水平的，属于实用层面；而象征性意义则是反思水平的，属于形而上层面。这将有助于我们更好地理解它们的特性，及其对于设计的不同作用。

与三种不同水平的设计的对应关系　　　　　　　　表 2-6

类型	性质
图像性意义	本能水平的设计
指示性意义	行为水平的设计
象征性意义	反思水平的设计

这三种性质的意义也不是互相排斥的，它们甚至可以同时存在于一个形式中，体现多层次的复杂内涵，只不过会有所侧重。比如此款"One"茶壶（图 2-18）运用了中国传统青花瓷瓶的形象，这一形象传达出来的内涵可以使我们很容易联想到它的用途和使用方法，起到了提示性作用。它完全是个现代风格的茶壶，主体为不锈钢，表面瓷釉处理，颈部浅灰色部分为耐高温硅树脂，以便水烧开后可直接用手抓握。而这个设计中最有趣的部分是主体上的青花装饰是热感应的，冷的时候是白瓶，随着加热，瓶底上的青花逐渐显现出来，到完全清晰可见的时候表示水已烧开，这会让我们联想到瓷胎经过高温烧制产生青花的过程。毫无疑问，这些指示性意义在这一设计创意中是占主导性的，而这一

图 2-18 "One"水壶（设计者：Vessel Ideation）

形象当然非常具有中国传统文化意象的内涵，传达着象征性意义。同时，青花瓶的形象使茶壶显得赏心悦目，传达着图像性意义。

在产品语意的传达中，比较科学的方式当然是使产品形式传达出产品固有的功能属性，它将分析和探讨限制在那些用以传达产品用途和操作意义的语意学原则上，意图传达产品与用户的功能性联系。基于这种功能性的原则，语意传达的目的以及设计师努力的成果是清晰明确、毫不含糊的。因此，指示性意义和提示功能是产品语意学首先关注的，以此定义的产品语意学我们可以认为是狭义范畴的。

而从广义的产品语意学来看，我们也关注产品形式的象征性意义和象征功能。尤其在当代背景下，在消费者的心目中产品的内涵意义正逐渐发生着根本性变化，已经不止关注于产品的功能性意义。因此，使产品融合更丰富的象征意义并不是无实际效用的行为。这种从用户情感需求角度出发进行的设计，尽管不是从产品和用户的功能性沟通出发进行考量，但是它考虑到了用户的具体使用状况和需求。在一定使用情境中，遵循产品语意学的基本理论，产品需要扮演两个角色：第一个角色，即产品本身固有的角色，从人使用产品这一基本需求出发，可称之为功能角色；第二个角色，是人的主观情感投射在产品上形成的角色，它在使用情境中显示出人的心理性、社会性、文化性的象征价值，可称之为象征角色。虽然它是人的抽象观念的某种定性投射，但它依然离不开人，也离不开社会环境这样的大背景。

此外，符号形式自然会产生图像性意义，体现美学功能，但这方面不是产品语意学和产品符号研究关注和强调的重点（图2-19）。

因此，我们可以将产品语意传达的主要目标定位于通过产品形式传达指示性意义和象征性意义。

通过指示性意义（内涵）和象征性意义（内涵）的传达，就可以辅助解决产品可包含的某些因素（图2-20）。

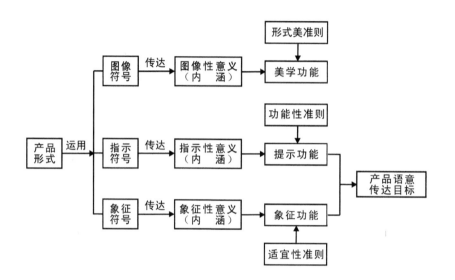

图2-19 产品语意传达目标

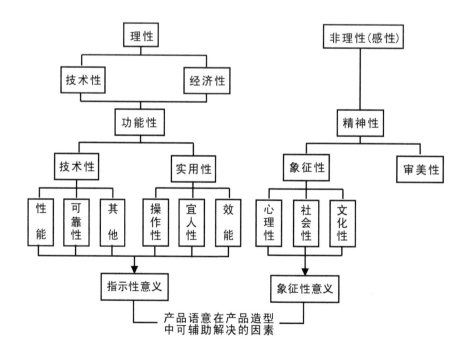

图2-20 产品语意学可辅助解决的因素

2.1.6 产品语意传达目标的分析和设定

（1）以用户为中心分析和设定语意传达目标

对于产品语意传达来说，分析和明确语意传达的目标是首要的前提，在此基础上我们才可能有的放矢地进行设计。如前所述，我们可以将目标分为指示性意义和象征性意义。并且，其目标定位是以用户为中心的，无论是指示性意义还是象征性意义，其语意生发的源头都在用户。其差别在于，前者是封闭型的（局限于对产品的使用认知过程），而后者则是开放性的，涉及与用户相关的整个使用环境。

而如果产品语意生发的源头不在用户，而在于设计师自己，那么这种强调自我表现的方式更倾向于将设计当作了艺术语言来操作，注重意义的表达，而不是传达和沟通。

（2）指示性意义传达目标的分析和设定

可以借助功能分析对产品功能语意的传达目标进行分析和设定，功能分析是寻求产品创新点的一个重要手段。

产品功能分析是从技术和经济角度来分析该产品所具有的功能。通过功能分析，可以将设计师的注意力从产品的结构形式转向产品功能。对于产品而言，功能是目的，产品的具体结构形式只是实现功能的手段。对于设计师而言，产品的功能是较为稳定的概念，而实现特定功能的手段则可以多种多样。

图 2-21-a 手表的功能定义 1

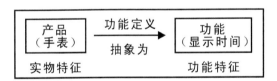

图 2-21-b 手表的功能定义 2

功能分析需要从功能定义入手。功能定义就是把对象产品和零部件或构成要素的效用加以区分和限定，由于产品和零部件或构成要素是功能的载体，因此，它是描述功能的主语，而功能作为产品和零部件或构成要素的效用，可以用谓语动词及宾语名词表示出来。例如图 2-21-a 中对于手表的功能定义所示。

通过功能定义把产品功能从产品实体中抽象出来，可以明确产品和零部件或构成要素的功能性（图 2-21-b）。

功能定义对于认识产品的本质和测定其价值都是极为重要的步骤。由于功能定义把产品的功能从产品实体中抽象出来，因而摆脱了产品实体的束缚，从而更利于根据特定的功能，设计出实现该功能的创新性形象。

【作为设计师，我们有挑战现状的习惯，或者说责任。产品一定要是惯例的样子吗？如图 2-22 中产品的操作方式就体现了这种创新性。这款充电器的灵感主要来自烤面包机，它还可以在充电的同时

图 2-22　Hello!（设计者：Jeong Hwan Sohn & JungHo Lee）

给智能手机消毒！当两个过程都完成时，手机将"弹出"，这就像一个视觉指示器，表示过程的结束，同时也为产品添加了有趣的元素。这不是什么发明创造，亮点只是运用了一个我们习以为常的符号。"根据国家细胞科学中心（NCCS）的研究，我们每天携带的智能手机检测到的细菌是马桶里细菌的 18 倍。""为了提高无线充电器的可用性，我们对烤面包机的用户环境进行了研究和应用。"这就是设计师想法的来源。并且这一切都发生在一个具有科幻美学特征的设备中，它的透明外壳在灭菌过程中会微微发光！】

对于功能较为复杂的产品，我们还需要对其功能进行分类，区分出"主要功能"、"次要功能"，分析和找寻语意传达的可能性，并分析各功能之间的关系，以寻求更加便于认知和操作的解决手段。

绘制功能系统图，可以抽象地表达产品结构系统功能。功能系统图能清楚地显示出产品设计的出发点和思路，是体现产品在设计上反映需求功能要求的方式。建立功能系统图先从基本功能开始，根据它们之间的目标——手段关系建立功能系统骨架，然后在功能系统骨

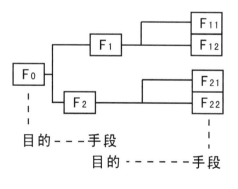

图 2-23　功能系统图

架上找到二次功能的目标功能，将二次功能逐一连到它的目标功能下位上，功能系统图（图 2-23）便由此形成。

（3）象征性意义传达目标的分析和设定

象征性意义属于产品的精神功能，由于产品精神功能涉及更为复杂和多变的产品使用情境和文化情境因素，并非稳定的函项，因此产品象征意义传达目标的分析和设定将变得复杂而模糊，需要根据具体情境和要求而定。

其中比较强调理性和实用的方式是运用各种途径将期望传达的象征性意义先通过语言进行分析和表述，然后再运用合适的形式语言有的放矢地将象征性意义传达出来。

图 2-24　无印良品店铺

【如图 2-24，无印良品的设计传达出的象征性意义尽管对于用户仿佛只可意会不可言传，但带给用户的这种精神意象是非常强烈且一致的，体现出品牌在象征性设计语言上的明确性，因此才能向用户传达出一种鲜明的生活哲学和生活态度，无论是"这样就好"的节制还是日式禅意的侘寂之美，这些都在有关无印良品的设计书籍中被反复提及。】

2.1.7　传统产品和语意性产品在用户认知上的差异

用户在面对新产品时通常需要一个消化和接受的阶段，通过必要的操作动作和行为方式来对一个产品的外观、感觉和功能进行调整适应，这需要花费一定的时间。

传统的产品，用户主要通过各种有意无意的学习方式（比如观察、借助说明书和试错等）了解产品的功能和使用状况，这需要一定时间的累积为前提。在人们的日常生活中，通过这种方式，久而久之便习惯性地形成了特定产品形式与功能之间的一一对应，这种情况下，产品逐渐成为一个象征物。比如提起自行车，人们便会自然而然地联想到一个由三角形车架、两个轮子、把手等组成的事物，以及它是用来做什么和如何使用等内容。为此，现代主义者提出了"形式追随功能"的设计观点，认为哪里功能不变，哪里的形式就不变。

如图 2-25，当我们看到一个自行车的形象，我们认出这是辆自行车，从而把形式和意义对应了起来。这个形象其实是由一个符号的关联产生的，有轮子、坐垫、把手等形成的整体形象。当只看前面两个图的时候，我们应该还无法确认画的是自行车。

图 2-25　自行车简笔画

因此，这种方式的认知是通过产品本身逐渐的符号化以及意义的外延化过程实现的。人类的任何认知活动都必须借助于复杂的有关形式与意义对应关系的社会约定，它实际上是我们储存在头脑中的有关世界的知识经验体系。为了认知上的清晰明确，人们往往通过分类方法使其一一对应。产品形式和意义之间的这种联系，不是天然的而是社会文化沉淀的结果，需要一段时间使这样的特定联系稳定下来，而用户则需要通过认知经验的积累才能把握这种联系。生活中我们能够直觉地识别出一辆汽车、一个照相机或者一条领带、一个杯子，都是因为我们已经熟悉了它们的形式和意义之间存在的这种联系性。

然而，在如今科技飞速发展、产品日益多样化的状况下，用户的这种被动性认知负担逐渐变得沉重并容易引起认知混乱。产品更新换代的高速率使用户的认知经验变得缺乏稳定性和可靠性。尤其对于老人、孩子等用户而言，这样的认知方式更加显得缺乏合理性和人性化。

而产品语意学便是考虑到这些问题，希望通过设计来努力加速和便利人们消化新产品的认知过程。与传统产品借助时间沉淀来实现符号化的方式相反，语意性设计借助用户已经熟悉的符号来塑造产品，通过产生指示性意义（内涵）和象征性意义（内涵）带来功能上的易用性和文化上的认同感，使人们在行为上和精神上都对新产品产生熟悉感。这样，用户就在产品认知过程中处在了主动诠释的位置，而不再只是被动地学习和适应（表 2-7）。

传统产品和语意性产品的区别		表 2-7
	传统产品	语意性产品
意义属性	外延	内涵
理解程度	陌生	熟悉
借助方式	学习和适应	习惯和经验
用户地位	被动	主动

【如图 2-26，这款 Dial Sound 音响显得与众不同。其形式来源于一个有关音乐的过去的熟悉形象——留声机。这一形象产生的联想带来的象征性内涵使高科技的产品具有了亲和力。而简约的设计语言又使

图 2-26　Dial Sound 音响（设计者：BKID Co. for Samsung）

其具有现代的意味，不会和如今的使用情境格格不入。更棒的是，它具有直观的控制功能，包括侧面的一个小旋钮开关和一个调节音量的包含了扬声器的大转盘。只要拨动转盘就可以找到你最喜欢的音乐。】

图 2-27　Sony On Air（设计者：Sumin Shin）

【如图 2-27，设计师关于这款新潮的播客产品的设计灵感来源于经典的索尼录音机，那是一款配有麦克风和调频收音机的卡带式录音机。设计师采用了这些设计语言并简化了界面，将这些特性与录制播客的功能结合起来，制作了这款"Sony On Air"，老式索尼录音机的许多功能在这里很容易找到。】

2.1.8　实训课题

课题名称：点赞与吐槽

课题内容：

（1）每人找寻 5 个你认为在通过产品形式传达指示性意义方面设计较成功的产品，分析其哪些方面做得比较成功，为什么？

（2）每人找寻 5 个你认为在通过产品形式传达指示意义方面设计存在问题的产品，或者生活中存在类似问题的，分析其哪些方面做得不成功，为什么？

教学目的：

（1）理解产品语意学和产品形式可具有的符号功能。

（2）理解产品语意传达的目标。

（3）能够从产品语意学角度对产品进行分析和评价。

作业要求：

（1）以个人或分组方式进行，以 PPT 方式进行汇报和讨论。

（2）可以从各种途径进行调研，比如从自己日常生活中的使用体验，各种产品和设计网站资源，以及购物平台中用户的真实使用感受等。

2.2　影响产品语意传达的因素

产品语意传达的目标是以用户为中心的，需要设计师有意识地将自己视作信息的传播者，通过产品形式将用户期望的语意传达出去，然而这一目标的实现是一个复杂动态的过程，它需要许多因素的介入。

2.2.1　语意传达实现的条件

按照现代传播学的观点，信息的传播需要三个基本要素，即发送者（Sender）、接收者（Receiver）和信息（Message），语意的潜势则包含在符号构成的信息之中。

图2-28　发射模型

通常对于信息传播的分析建立在一个发射模型基础上（图2-28），在这一模型中，个发送者向接收者发送一个信息，反之，一个接收者从发送者那里接收一个信息，意义的传达似乎就得到了实现。这一公式其实将意义降格为"内容"，意义被当作包裹和邮件那样来发送和接收。

这样的考虑就转向了"文本决定论"，将文本想成是被不变地阅读着的，而意义是存在于文本内，是由文本生产者（信息发送者）的意图决定，这就几乎不给文本内和文本间的矛盾，以及文本在解读者（接收者）心中可能出现的变动留下余地，这种客观主义理论显然将传播过程机械化了。在我们的实际生活中，信息的传播和意义的传达不可能如此单纯。

1960年语言学家罗曼·雅各布森（Roman Jakobson）提出了一个人与人之间口头传播的模型（图2-29），它超越了基本的发射模型。罗曼·雅各布森概括了他所认为的任何口头传播中的六种"构成因素"，并阐述了它们之间的关系：

"发送者向接收者发送一个信息。信息的有效运转需要一个可为接收者把握的语境，一个符码完全或者至少是部分地为发送者和接收者所共享，最后，在发送者和接收者之间产生一个联系，一个物质的通道或者心理上的连接，使得他们共同处于传播状态中。"

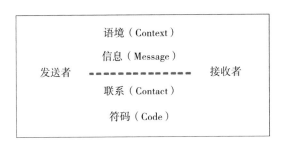

图2-29　雅各布森的传播模型

雅各布森认为在任何给定的状况下，这些因素中的其中一个是主导性的，其主导性功能影响了信息的一般特征。雅各布森的模型表明信息和意义不能从这些因素中孤立出来。发送者提供的只是参考性内容，接收者是根据自己的诠释产生意义的，因此雅各布森模型中发送者和接收者之间是一条"虚线"，表明信息的传播和意义的传达不是单向的，也不是固定的。这对于非语言符号同样具有启示意义。

雅各布森的传播模型所强调的符码和社会语境因素，是语意有效传达所需要的两个必要条件，即：

①一个发送者和接收者都能理解的符号系统，这在符号理论中被称为符码（Code），主要涉及接收者的文化与意识形态背景；

②能够为接收者把握的使用情境，这在符号理论中被称为语境（Context），涉及接收者的心理性、社会性和文化性因素。

2.2.2　产品语意传达中的符码因素

在符号学中，特定的符号系统被称为符码（Code），比如整个文化符码系统是对各种不同文化的指称（如中国文化、佛教文化等）。符码可以进一步细分为各级亚符码（Sub-code 或称为次级符码），如每个文化符码系统又可依"精确性"来区分不同的子系统，如数理逻辑系统（人工语言）、语言文字系统（自然语言）、造型语言系统（图像、影像、光线、形、色）、音乐语言系统等。而我们每个人的兴趣、爱好都可称为一个亚符码。在设计中，任何一种风格都可视为一种符码或亚符码。

符码的概念在符号学中是最基本的，它是语意传达的基础，对于沟通而言至关重要。文本的生产和解读需要符码的存在，因为符号意义的产生依赖于它所处的符码，符码提供了一个符号在其中产生意义的整体架构。一个符号不在特定的符码中运行我们将无法识别它的身份。如果符号的形式和意义间的联系是相对任意的，那么解读符号的意义需要对于一系列恰当惯例的熟悉，这些都需要通过学习获得。

我们可以将数码相机看作一个独特的符码。通过对于镜头、操作按钮、液晶屏这些造型构件的形式和结构关系，及其整体组织方式的惯例性认知，便可将如图 2-30 的产品形式与数码相机联系起来。而如果假设你从未见过数码相机，没有解读其他数码相机的经验，那么你将无法辨识其身份。

同时，发送者和接收者之间语意沟通的实现，还需要在两个人能够共享同一符号系统的情况下进行。符号是人类文化的载体和表现，语言、专业知识、特定文化、年龄阶层，这些都可能成为人们沟通的障碍，必须共享这些符码才能消除这种隔阂。

如图 2-31 的中国传统剪纸作品中，包含了各种中国传统文化符号，可以认为这些符号属于不同的文化符码，比如剪纸文化、生肖文化、吉祥文化等，可以说对于任何文本或者实践的符号分析，都需要考虑若干符码以及它们之间的关系。可以想象，对于一个外国人而言，他将很难理解和共享这些符号，或许只能看个热闹，却并不理解其深入的文化内涵，从而造成语意传达的隔阂。

图 2-30　Sigma 数码相机（设计者：SY Wang）

图 2-31　传统生肖剪纸图案

2.2.3　产品语意传达中的语境因素

　　符码的介入只是语意传达得以实现的基础。要理解符号，我们还要明确"系统"的概念，以及由此衍生的万物"联系"的概念。理解这一点对于我们来说并不困难，因为各种先进的媒介正使我们所处的世界成为一个名副其实的地球村，而符号就是用来进行联系的手段。符码概念本身就暗示了这种联系性，但是其联系只是存在于一个特定的符号系统内部。而语境的观点则告诉我们，这种联系也可以是超越单一符码的，联系同样可以在多个符码中产生。

　　语境（Context），即符号的使用情境，来源于语言学的定义。"Context"的原意为上下文，引申为单词的意义需要联系上下文推导出来。一个词汇或一个句子的意义独立存在时，它的意义是有限的、不明确的，需要根据其所在的整个段落、整篇文章的意义而决定。因此，同样是一个词汇、一个句子，在不同的段落、不同的文章中就有着不同的意义，这是"共时的"语境观念。此外，还有"历时的"语境观念（或称为"文脉"），如成语典故，按字面去解释是无法理解的，必须与它的历史背景相联系才有意义。如前述图 2-31 中，对于中国传统符号的理解需要将其置于一个广阔的时空情境内，

图 2-32　"上上签"牙签盒（设计者：洛可可公司）

在这里符码超越了单一的文本，同时，各种符码之间相互更迭。

【如图2-32，小小的设计中体现了多样的中国传统符码。"上上签"并非真正的占卜卦签，而是一个饱含了祈福意义的牙签盒。其设计灵感毫无疑问与中国的祈福文化有关。底部则是中国祈福文化的代表性建筑天坛祈年殿的殿顶轮廓，而这样内屉中的牙签便具有了内部承重立柱的象征意义，于是最终赋予了产品"上上签"、"墙倒屋不塌"的映射：即使签废，可是精神依然存在。不仅如此，设计者在创作中首当其冲选择了"中国红"，他们把"中国红"视为中国祈福文化的心理皈依。设计师最终把内屉设计成中国红色，正是希望这样的内屉可以幻化为安身立命、保佑平安的护身符。"上上签"的独创和散发出来的人文气质赢得了国际红点奖的垂青。如今，人们可以在德国红点设计博物馆里看到这个被永久珍藏的"上上签"便携式牙签盒。】

一件产品不是孤立地出现在人类生活场景中的，而是存在于和其他事物的联系中。产品的语境包含了在使用产品过程中涉及的产品和人之间的关系，以及更为广阔的外部环境（心理、社会和文化情境）中产品与人的关联性（图2-33）。产品使用过程中产品与人的关系构成了语境的直接因素；而社会文化背景则是构成语境的间接因素。

因此，我们可以将语境广义地理解成介于各种元素之间对话的内在联系。更确切点，是指在局部与

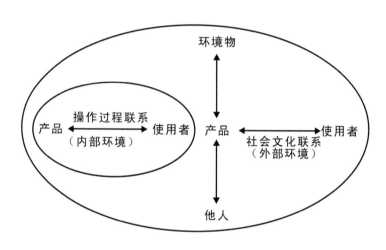

图2-33 产品所处的语境及其相互关系

整体之间的产品与人的关系、产品与所使用环境的关系、产品与其所处文化背景之间的内在关系。只有对这些复杂关系的本质进行认真地研究之后，一个产品符号性意义的复杂性才能被理解。

2.2.4 用户如何理解语意

对于产品而言，语意的接收者是那些潜在的用户。因此，我们需要了解用户是如何进行语意理解的，只有这样，才可能主动地去了解用户心中对于产品语意的期望，并进行较为有效的语意传达。

当代的传播学家把文本的建构和解读称为"编码"和"解码"，这两个行为分别由信息的发送者和接收者完成。在符号学分析中，"解码"不仅仅包含了对于文本所"说"内容的基本认识和理解，也包含了根据相关的符码来对它的意义进行诠释和评价，这就产生了理解（Comprehension）和诠释（Interpretation）之间的区分。然而这样的区分仍然存在问题，因为理解的内容也总是会不同于文本所说的"固有内容"，即所意味的总是不同于所说的。因此，更恰当地说，解码根本上就是一个诠释评

价性的过程；而编码根本上也是一个诠释评价性的过程，因为编码的行为首先也是建立在对事物解码的基础之上。

诠释（Interpretation）一词在后现代理论中至关重要，它代表着反霸权、反垄断、多样的声音和对话的思想。在第一章提及的皮尔斯符号模型中，我们看到他用诠释来表达类似所指的概念。对于皮尔斯而言：诠释本身是一个存在于诠释者脑海中的符号。皮尔斯注意到："一个符号……向某人发送信息，这就是说，产生于这个人的意识中的是一个相同的符号，或者可能是进一步开发了的符号。如此产生的符号我称之为最初符号的诠释。"

每个人对于一件产品的印象和理解都可能是不同的，产品设计师只是为用户提供了一个诠释的可能。用户不是去被动地理解设计师的意图，而是根据自己的习惯和喜好在大脑中去诠释它，用户可以通过这种商讨性阅读过程感受到消费主体感。因此，在工业设计中，语义学运用的关键，便在于理解用户是如何理解和消化产品的，并在此基础上提供一个良好的心理模型（Mental Model）。只有在研究和提供合理的心理模型基础上，设计师才可能通过产品的形式这一语言与用户进行有效的沟通。设计师与用户之间的沟通是非线性、循环互动的。正如诺曼所指出的，设计师在协助用户建立这一心理模型时，要采用两种基本原则：

①提供一个良好的概念模型；
②使事态可视化。

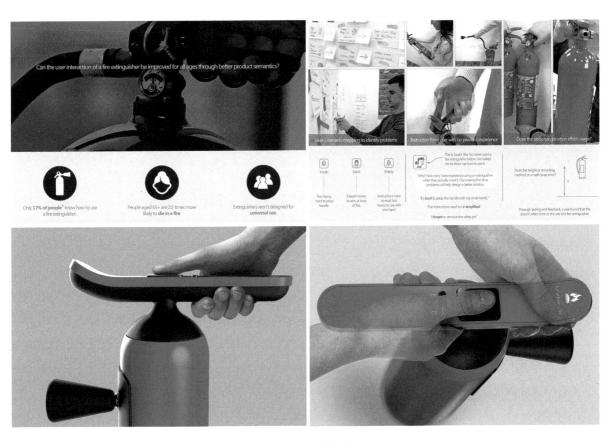

图 2-34　LiteFire 灭火器（设计者：Karl Martin）

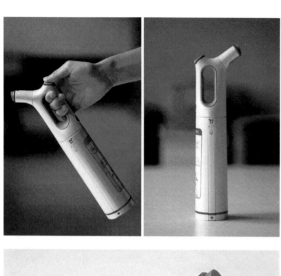
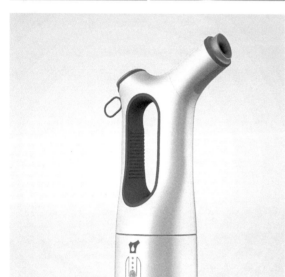
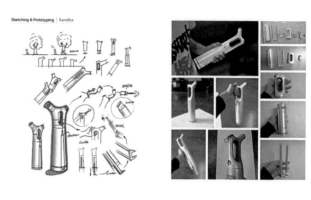

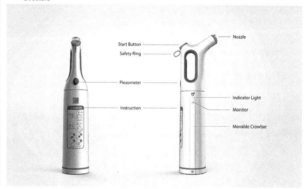

图 2-35　Ramifire 灭火器（设计者：Xiong Tao）

克利彭多夫和布特区别和命名了语意理解的四个阶段：

产品识别（Product Identification）——用户通过对相关视觉暗示的解读来判断产品的类型。

例如灭火器等应急产品就需要特别注意产品的识别性。一个相当可怕的统计数据显示，只有 17%的人知道如何正确使用灭火器，这可是一种可以拯救人生命的设备啊！这很可能是由于太小的、难以辨认的操作说明，人们缺乏训练，正确操作它们具有难度……所以，必须采取一些措施来改变它！

【如图 2-34，LiteFire 灭火器的形式直观易用。其较高的可用性水平源于对把手的仔细考虑和完善处理。对于操作精度较高的安全别针和笨拙的扳机都不见了，取而代之的是一个大而圆的手柄，这在很大程度上是符合人机工程学的，也使其易于认知，而且只有一个标示清晰的按钮可以激活设备。修改后的手柄与简化后的操作说明结合在一起，就产生了一种可以让所有年龄层的人都能操作的设备。】

【如图 2-35，Ramifire 是一款现代化的智能灭火器，同样颠覆了我们对于灭火器的习惯印象，不仅符合人机工程学，也直观易用。】

操作判断（Self-evident Operation）——用户在各种成功或者失败的层面操作产品（或者改变操作），并且观测这些行为的反馈。

【如图 2-36，小米 Yeelight 智能 LED 吸顶灯安装拆卸用的滑动锁扣色彩非常醒目很容易辨识，安装入位时会发出"咔嗒"声使用户对于操作有清晰的反馈，这些都非常方便用户进行操作判断。】

图 2-36　小米 Yeelight 智能 LED 吸顶灯

形式探求（Explorability of Forms）——用户通过试用来掌握产品的工作原理，并可能设想出新的应用方式（图 2-39～图 2-41）。

语境认同（Coherence with the Symbolic Context）——将个性趣味、社会特征和美学价值等具体语境因素结合其他一些与产品有关联的描述和安排进行解读（图 2-42～图 2-44）。

用户解读产品语意的过程不只是被动地接受设计师的意图，而是建立在心理期望之上的主动诠释，并受到可变因素的影响。用户通过解读他们周围的暗示来建构产品的认知心理模型。这一心理模型最初只是建立在视觉印象的基础上。当他们通过探究开始理解产品特征的时候，这一心理模型便日益精致和扩张，并可能随之在原有的视觉印象的基础上产生新的感觉。

正如弗里兰德所描述的，用户从产品中解读意义时："我们的第一个反应……是思维性的，建立在已有知识的基础上，视社会和文化习惯而定。我们的第二个反应……是情感性的。我们对于一个意义诠释……建立在从先前经验中生发的联想基础上。"

语意的产生其实建立在用户联想和诠释的基础上，因此会因人而异。但无论怎样，物体和其用户之间的联系会形成一个循环：用户操作物体，接受反馈，导致进一步的操作，周而复始。在这一持续的过程中，用户和物体最终在知觉上和行为上相互调整。

这种循环过程包含的不仅限于狭义的，比如当驾驶一辆汽车时。它包含着整个符号环境，从驾驶者与车辆设备之间的各种人机交互到驾驶者在拥有一辆新款汽车时所追求获得的个性需求；从它的广告中使用的语言到用以表达社会认可性或款式分类的语言；从交通标志系统到纷繁复杂的关于驾驶的各种规章制度。所有人造的形式都有其社会文化历史，都有着它们置身其中的语境所赋予的社会意义。

2.2.5 设计中的四种问题语意

对于用户而言，产品的形态正是通过各种符号途径（包含信息显示、图案元素或平面标记、产品造型和质感，以及产品内部状态的指示等）创造了一系列最初的期望值，这些都是我们在遇到一件新的产品时所会考虑的方面。因此，设计师需要根据这些期望值提供一个充满感觉细节的环境，以此来引导和召唤出用户的心理模型。用户则需要努力去提高最初的心理模型的精度，直到产品显现出了"它是什么"，"它是如何使用的"以及"它能带给我什么益处"等信息。更加精致的心理模型则需要设计师提供关键的语意暗示。而设计时如果不考虑到用户的这种期望就很容易与其形成抵触，产生问题语意。

对于形式的语意而言，那些自相矛盾、相互冲突或者相互无关联语意的产生往往要比那些毋庸置疑的成功案例更有助于我们理解产品是如何进行符号性运作的。从刻意为之的后现代语意混乱的作品（关于这方面将在"2.7 讽喻与后现代语意游戏"一节中探讨），到无意为之导致的符号性缺陷、误解、错误应用、误操作。我们列出四种形式设计方面的问题语意，分别对应上述语意理解的四个阶段。

（1）产品识别阶段

第一种也是最基本的问题语意，它会使用户对于不同的产品难以区分或辨认，这样的问题语意当发生在那些紧急情况下必须被快速准确地定位和辨识的应急性设备上时将是灾难性的错误，比如灭火器、安全出口、应急按钮等。当需要大范围的公共宣传和培训才能把一个产品与其他产品区分开来，或者使特定的产品被可识别出它是什么，它是如何使用的时候，这种辨识方面的语意问题往往是代价高昂的。

【如图2-37，这是一款全新设计的灭火器，和传统的灭火器完全不同，亲和力更强，更适合放在室内。同时易于识别，与传统的灭火器相比，没有任何多余的引起认知混淆的形式，关键操作部位都有明显的语意提示，顾名思义，非常易于操作。无线连接室内的烟雾探测器，一旦有情况便会有灯闪烁。可以说它做到了直觉设计与理性外观的平衡。】

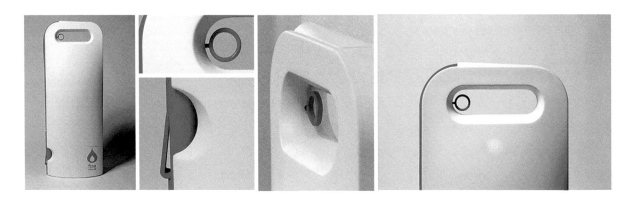

图2-37 "ACT"灭火器（设计者：Sigrun Vik）

（2）操作判断阶段

第二种问题语意会导致用户无法按照期望的方式操作产品。以下是产品语意学特别关注的方面：

①一个产品的各零部件在视觉和触觉上的差别，包括对于一些部件的操作须阻止与其他存在危险

的部件的接触。

②各零部件、运转和控制的空间布局必须是逻辑性的，这样做不是为了设计师，而是根据用户期望使用的物品的心理模型。

③在易于读取的地方有物品内部状态的指示，以及对于成功的操作而言必须有的或者提供支持的指示。在提供这样的指示时，设计师可能需要遵循而不是违背人们习惯的方式，比如从左往右读取、提高音量或者亮度时顺时针转动旋钮。通过形式的自明性，在这种情况下视觉和触觉线索能够引导使用者在没有时间去解释或者实验的情况下正确地操作工具。

【如图2-38，这款数字收音机令人耳目一新，虽在造型上很特别，但在识别和操控上却直观易用。扬声器部分在形式上强调了传统喇叭的语意，使用户很容易识别和认同其身份（产品识别阶段）。此外，非常便于操作判断。顾名思义，它有3个被突出强调的调节转盘：一个用于控制音量，一个用于AM，一个用于FM。褐色背景上的红色和白色的刻度指示也清晰明确。】

图2-38 3CIRCLES Radio（设计者：Estab Han of Weekend-works）

（3）形式探求阶段

第三种问题会阻碍使用者探索产品的本质，在没有外界帮助的情况下改善操作或者发现新的应用方式。比如计算机的体系结构通常难以理解，但是合适的教程可以做成计算机软件包的一部分，这就可以使用户大大提升他们的计算机读写能力。

要克服这一问题语意，设计师可以运用那些能够激发用户好奇心以及鼓励其进行安全尝试的形式，也可以运用一些模棱两可或者新颖独特的形式，这样可以鼓励用户去产生能够帮助自己有效操控产品的方法。

【如图2-39，这款极富现代感的电唱机完全颠覆了我们印象中的传统形象，由于恰当的语意暗示使新颖大胆的形式并没给用户带来操作的困惑，反而刺激着用户探求的兴趣。顶部一角的设计在视觉上被强化，配合旋钮的形式，符合用户的操作判断；而这个设计最具特点的地方是底部的切口，打破了块状的形式，由大到小的斜角不但方便放置唱片也激发、引导和鼓励着用户的形式探求。】

【如图2-40、图2-41，这是两款颠覆了我们习惯性形象的收音机设计。这是对人机界面极端简化和趣味性的探讨。知道它是什么吗？管它是什么，凭借你的直觉和经验去试试吧。第二个设计的创意是来源于茶包与茶杯的隐喻，可能你也解读不出这层意思，但看到那样的形式你不想直觉地操作下吗？事实上确实如此，拽着天线拉出来就可以打开收音机，拉得越高，声音越大。调台时只需轻轻拧动天线即可。】

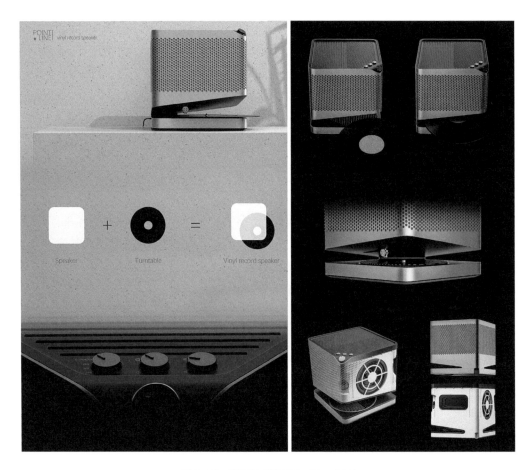

图 2-39 电唱机（设计者：Xundi Li）

　　形式的语意邀请用户在需要最少的操作说明，并避免最糟的错误应用的情况下进行探索和使用。创新性的产品尤其需要依靠语意暗示去帮助表达它们的使用信息，并以此减少对于操作说明的依赖。语意的考量能够提供，或者至少可以有助于一个产品整体的自明性（Self-evidence），提升产品的品质。

图 2-40 La Moderna 收音机
（设计者：Fabio Verdelli, Manuel Frasson & Alice dal Verme）

图 2-41 Tea-time FM Radio
（设计者：Duck Young Kong）

（4）语境认同阶段

第四种错误是由于产品无法适应用户的使用情境造成的（即用户所处的符号环境）。用户对于产品的理解和诠释很大程度上依赖于周围物品的符号性。广告就特别关注这一点，比如让明星代言一辆车可以提升认同感和说服力。

一件老式的音响不再会满足今天年轻人的表现性需求。通过提供情感支持和自我表达的机会，群体能够帮助成员实现情感欲望。因此，不管其音质如何，它只是单纯地不符合如今年轻人的氛围，不符合高科技和高感度的环境。这就是符号环境（语境）对于产品设计的重要性。

如图2-42、图2-43的两款产品都运用了传统的"灯笼"这一符号，在具体表现时都充分考虑了用户的语境认同，采用了现代感的设计语言，使这一古老的形象不会和现代的功能与环境格格不入。

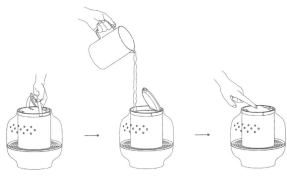

图2-42 Lantern Humidifier（设计者：Ninety Studio）

图2-43 RO灯（设计者：250 Design）

语境的认同不仅是横向的基于当前实用情境的，也是纵向的历史性的因素。

【如图2-44，德国莱卡（Leica）数码相机，将古典美与现代电子技术完美结合。设计充分考虑了用户的需求和期望，以此作为设计的基础。金属的机身、皮革质感的蒙皮、红色的莱卡商标、传统的镜头设计透露出品牌的贵族气质。在操控方面，这款相机也与传统的莱卡相机如出一辙。这一切设计都是为了让用户有"传统"的感觉。一直以来数码相机都具有相当浓重的现代味，我们通过各种各样的按钮以及菜单来控制相机。然而，莱卡却提供给我们别样的风味——一种传统的现代相机。无论在操控上还是品牌文化上都能够带给用户强烈的语境认同。】

这里讨论的四种问题语意并非全面，它们只是说明设计师在符号领域可能会犯错的地方，以及产品语意学对于它们为何产生错误可以提供的建议。

2.2.6　实训课题

课题名称：根据语意理解的四个阶段对产品进行语意分析

课题内容：参考课程内容，根据语意理解的四个不同阶段，对应每个阶段每人找寻 2 个产品案例，从语意传达较成功或较失败（问题语意）角度进行分析和评价，也可以同一个案例说明几个不同语意理解阶段。

教学目的：

（1）理解语意传达实现的条件；理解用户解读和使用产品时的心理模型和期望。

（2）理解用户进行语意理解的四个阶段，并能从用户角度对相应的产品进行分析和评价。

（3）理解四个语意理解阶段可能在设计方面产生的问题语意，并能从用户角度对相应的产品进行分析和评价。

图 2-44　莱卡数码相机

作业要求：

（1）以个人或分组方式进行，以 PPT 方式进行汇报和讨论。

（2）可以从各种途径进行调研，比如从自己日常生活中的使用体验，各种产品和设计网站资源，以及购物平台中用户的真实使用感受等。

2.3 修辞与产品语意传达

在明确产品语意传达的目标后，我们就需要将期望的意义表达出来、传达出去。然而产品形式毕竟不是语言，不具有整套形式与意义对应的辞典和严密的语法系统。我们可以用语言直接表达"这个产品具有什么样的功能"或者"如何操作这个产品"，但是我们却无法用产品形式进行这样直接的表达。这种情况下，我们就需要运用一定的策略和方法去进行间接的表达，就像两个语言不通的人如果要进行沟通，那么他们就得想尽办法运用各种途径，比如借助人的身体这个形式，运用肢体和表情语言去进行表达，这样的方式其实和运用产品形式进行表达有着相似之处。

在这一部分内容中，我们将探讨如何运用修辞方法进行产品语意传达，让产品讲故事。事实上，在后现代设计中，对于修辞这一主题的理解是不可或缺的。

2.3.1 修辞作为产品语意传达的思维和方法

修辞对我们来说都不陌生，它首先是一个语言学中的课题。在语言中修辞是一种有效的和具有说服力的、运用语言的技巧与艺术。而现在，类似的概念和方法已经扩展到了从建筑到电影的各种视觉符号领域中来。如图 2-45 的灯具设计便是由于隐喻修辞的运用而显得与众不同。

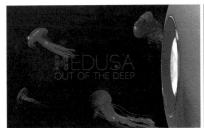

图 2-45 Medusa 吊灯（设计者：Marko Vuckovic）

那么什么是修辞？尽管语言不同文化不同对于修辞的理解也会有差异，但是本质上是一样的。修辞关注事物是"如何表达的"，而不是"表达了什么"。修辞赋予了我们多样的途径来诉说"这一事物是（或者像）那样的"。也就是说虽然表达的是同样一回事，但却是殊途同归，这使得修辞的运用可以产生丰富多样的内涵。

比如当我们想表达一个人"非常美"时，虽然表现的都是同样的内容，但却可以有各种各样的方式，比如"如花似玉、国色天香、闭月羞花、沉鱼落雁……"，运用这些修辞就可以避免乏味的表达，并使得表达更加具体、直观。其实这些也是我们熟悉的套路化的表达，那么你还能想出什么更有创意的表达呢？设计注重的是创意，但是创意的价值显然不是因为事物的外延，而是由其产生的内涵。修辞就是产生丰富内涵的一个重要途径和方法，它用不同寻常的方式表达特定的内容。

从语言来看，通常我们可能会认为修辞丰富的表达主要体现在诗歌和文学性作品当中。然而事实上不只如此，在日常生活的表达中，我们也有意无意地运用着大量的修辞。而看似客观严谨的表达中同样会存在修辞的运用。因为话语的表达不可避免地涉及我们身处的世界的建构，而不止是简单的反映。只不过许多我们无意识中使用着的修辞被外延化了，以最为普遍的修辞方式——隐喻为例，它在设计中的运用可以说无所不在，对于人类隐喻本能的压抑，也就压抑了人类生活的丰富性。有时在日常生活中我们的注意力会集中于不同寻常的隐喻。然而更多的时候，我们对日常使用和碰到的大量话语情况却缺乏关注，因为它们显得如此确定和"透明"。这样的确定、透明的话语麻痹了我们，我们只是在理所当然地接受，却不需要让思路转一下弯。这使得我们在运用诸如"温馨的家庭"、"光明的未来"这样的修辞手法的时候仿佛不具有修辞的性质。

在设计中，修辞也是不可或缺的。其实看似理性严肃的现代主义设计也不可能令自己生活在无修辞的世界中。现代主义设计强调形式追随功能，排斥各种装饰和符号等丰富的表达，追求设计语言的科学性和严谨性，但其实经典的现代主义设计本身就倡导"机器美学"，强调对于机器的隐喻，这也被普遍认为是对男性气质的隐喻，这种状况至今仍占主流。知名设计师菲利浦·斯达克指出："今天，80%的产品都摆脱不了一种阳刚之气。"为此，设计师努力使产品的形式类似于一系列能够体现这种气质的形式元素，比如简单规则的几何线条和体块、黑灰白的中性色彩、重复秩序性的排列等，这种状况是长久以来父权制社会气质的体现，也是西方推崇的理性精神的体现。

隐喻这样的修辞最初是非规范性的，因为隐喻强调的显然不是明确性或者外延上的类似，它是夸张和模糊的（如果想要产生解读者都能理解的意义，这样的类似必须是较为明显的）。而当我们对于某些特定的隐喻变得习以为常时，就不会去注意它们其实正运用着这种途径引导着我们的思维。现代主义设计长期的垄断地位导致了这一隐喻在全世界范围内的一致性，我们便会觉得"产品就该这样子的"，而不会意识到其中包含的隐喻性意义。而这样规范化的隐喻最终使所有产品显得千篇一律，抹杀了人们对于产品体验的多样性。

然而，就像语言中修辞的运用容易会被带有贬义色彩地认为是一种矫饰、做作的或思想贫乏的巧言令色，如图2-45这样的设计可能也会被认为是华而不实的。

但其实修辞不仅仅可以是形式上的装饰和点缀，更可以是一种实用性的表达。我们已经分析过，对于产品语意学而言，其传达目标，即所要传达的意义是明确的、实用性的，可以通过分析得到。但是现在的麻烦在于，如何才能将其有效地表达出来、传达出去呢？而修辞的特性恰恰可以帮助我们解决这一问题。因为如前所述，修辞是关注事物"如何表达的"，而不是"表达了什么"，因此我们就可以运用合适的修辞作为途径去设法表达出我们期望的目标和意义。其实生活中的很多情况也是语言没法直接表达的，比如人们的心情和感受这样抽象的东西，阳光、细腻、痛苦、阴暗、低落等各种心理和情绪，其实都不是直接地表达，而是借助其他更易理解、更加直观、更加具体的事物来进行间接地表达。在产品语意学中，我们正是要借鉴修辞的这种作用，将我们期望表达但无法直接表达的信息和意义表达出来。

比如开关，除了我们熟悉的令人乏味的那几种开关方式，我们还能有什么新颖的方式呢？如何告诉用户这个不熟悉的"开关"是什么？如何进行操作？从修辞的角度来看，在这里我们要表达的其实是同一个内容和意思，即"开关"，但是我们可以有各种各样的途径去"表达"它，如图2-46的灯就采用了新颖的开关方式，可以让用户和灯进行有趣的互动，这里也运用了隐喻修辞的思维，但显然这样的隐喻更有意思也更具实用意义。你觉得开关还能有什么玩法呢？

图 2-46　Roll and Tilt Lamps（设计者：Ed Heritage）

【如图 2-46，这是灯和开关合二为一的设计，使用一个跷跷板式的底座，通过有趣的交互重新演绎了开关可能的方式。有台灯和落地灯两个版本。】

2.3.2　主要修辞方式

一般认为视觉符号中涉及的主要修辞方式有四种，我们可以根据熟悉的语言例子进行简单的描述。四种修辞中的每一个都表现了一种符号形式（能指）和符号意义（所指）之间的不同关系（表 2-8）。

主要修辞方式　　　　　　　　　　　　　　　　　　　　　　　表 2-8

修辞类型	基本原理	语言例子	真实意图
隐喻	类似性（类似却又存在差异）	今夜星光灿烂	今夜著名的影视演员云集
换喻（转喻）	邻近性（通过直接关联建立的联系性）	有他在就有笑声	有他在就能逗大家开心
提喻	本质性（通过类别层级建立的联系性）	为中国队加油	为中国国家成年男子足球队加油
讽喻	双重性（对相反事物的模糊指示）	天气真好	天气很糟糕

海登·怀特（Hayden White）指出这些关系分别与类似性（隐喻）、邻近性（换喻）、本质性（提喻）和双重性（讽喻）相联系。而也有人认为，主要的修辞方法只是隐喻（包含了讽喻）和换喻（包含了提喻）两种，讽喻只是隐喻的一种极端表现，而提喻则和换喻的思维类似。这是一种更为简单的分类方法。但无论如何，隐喻和换喻是两种截然不同的表达方式和思维方法，其作用不能互相替代。

2.3.3　通过关联性传达语意

为了更加清楚地理解产品语意设计中修辞的运用，我们尝试从关联性角度对产品语意设计中涉及的各种修辞的特性进行分析。不同的修辞方式根据其特点对应着不同的关联性。

就像在语言中，字母组成了字词，字词又组成句段，最后，句段组成了完整统一的文本（Text）。产品的形式作为非语言符号和语言符号存在一定的差异，但在符号学分析中，一般仍根据习惯对其进行类似的理解和分析，一个产品便如一个设计文本。这样的关联性属于产品内部的联系，而产品语意学所关注的更多更复杂的关联则是在产品之外的。就像一个文本的意义需要和发音、拼写等规则联系起来，需要和其他文本联系起来，也需要和特定的使用情境联系起来才能产生。

所有这些关联都是从用户的心理模型出发进行设想的，用户对于一个产品的心理模型便是一系列动态的关联，一个产品中可能运用到各种修辞方式。虽然产品形式无法像语言那样具有严密的辞典和语法那样整套的组织体系，往往更趋向于作为单字、单词的概念进行理解和分析。但是在一个特定的产品中，我们必须使这些关联和修辞存在逻辑上的一致性，并且给出整体上合适统一的意义，比如椅子的例子（表2-9）。

不同修辞方式对应的不同关联性　　　　　　　　　　　　　　表2-9

修辞方式	关联性
提喻	内部的关联：比如椅腿和椅座之间的关联；椅子的靠背和椅座之间的关联
换喻（转喻）	邻近性关联：比如用户的背部和椅子靠背之间的关联，手臂和椅子的扶手之间的关联；椅腿和地面之间的关联；一把椅子和与之匹配的桌子等周围物之间的关联
隐喻	类似性关联（或差异性关联）：比如一把椅子与更为广阔时空范畴内的事物之间的关联；椅子和社会文化环境之间的关联
讽喻	

（1）内部的关联

通过产品内部不同元素间的关联传达语意。比如相机操作界面上的各种按钮之间的相互关联（图2-47），这种关联也可以是层级制的。

（2）邻近性关联

通过与产品的邻近性关联传达语意。比如产品和用户的关联，产品操作位置与用户的手的特征相关联的形态和肌理能够提示这个产品如何被把握和控制。图 2-47 的相机操作部位既贴合手型，也暗示了操作位置和方式。

图 2-47　佳能相机

（3）类似性关联

这种关联性显然比前两种要广阔得多，包括与其他看似没有关系的各种事物之间的关联性，这样的关联性在时空跨度上更远，可以被隐喻、象征化或象形化；以及与文化惯例（文化先决型、时代风格等）之间的关联性，这种文化惯例就是一个符号。比如，类似于开关的形状就可以暗示这一位置是为手的操作预留的。如图 2-48，将消防栓和饮水处创新性地合二为一，外观新颖，但开关却是我们很熟悉的形象，非常直观易用。图 2-49 的设计则运用了棒棒糖的符号。

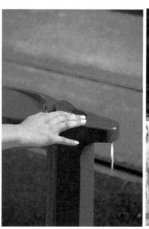

图 2-48　Drinking Hydrant（设计者：Dimitri Nassisi）

【如图 2-49，SO SWEET Thermometer 是专门为儿童设计的数字式体温计，运用了一个我们熟悉的形象，这个形象就是一个文化符号。这款体温计由特制的糖块和体温计两部分组成，使用的时候，将体温计的测温端插进糖块，瞬间就变身成为一个充满诱惑的"棒棒糖"，完美地消除了孩子们对医疗器具的恐惧感，只要吮吸完糖块，体温就可以测得。这样，应该很少会有儿童拒绝含着体温计了。】

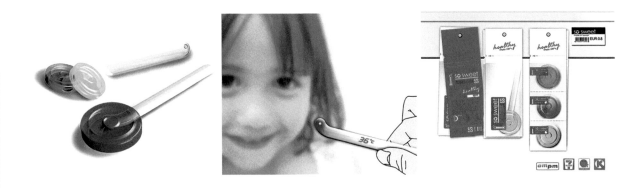

图 2-49　SO SWEET Thermometer（设计者：Chun-Chia Hsu, You-Ren Chen & Liu Rong）

这些关联从以产品为中心由内及外、由近及远、由小及大，处在一个开放性的维度里，形成了所有语意传达的基础。每一种关联都提供了一个语意传达的机会，我们将在后续内容中分别进行具体探讨。

2.3.4　产品语意传达中的开放性思维

通过这些不同维度关联性的考虑，考虑到产品可能所处的使用情境，产品语意的传达就被安置在一个开放性的维度中。设计师可以深入人类符号表达的整个领域，在广阔的时空范畴内获得合适的语意表达的资源来充实设计。

要从更广阔的范围内获得产品语意传达的资源，我们首先需要将设计活动视作一种改造性的活动——对现有产品的诠释性改编。可能我们通常认为设计是比较注重原创的工作，但从符号学的观点理解，设计则更是一种改造和诠释性的活动。对于语意性设计而言尤其如此，我们只是运用符号，而不是创造符号。

依照符号学观点，从某种程度上说符号系统不但有着超越个体控制的权力，而且有着决定个人主观性的权利，任何一个文本和作者都不可能是独创的，而是必然建立在已有的符号系统的基础之上。对于任何意义传达和沟通而言，我们都必须利用业已存在的概念和惯例。一个设计作品的情境设定是通过其他文本进行的，这些外在于设计师的因素，由特定的符码和语境决定，和产品的用户有关。因此，对于设计师而言，产品语意传达的灵感需要由各种因素激起，要真正充实自己设计的意义潜势，修辞的运用需要丰富的联想，需要发散性和跳跃性的思维方式。一旦使用了修辞，我们发表的意见就变成了超出我们控制的、更为广阔的联想系统中的一部分。修辞不是一教就可以套用的数学公式，也不只是个技术问题，唯有不断培养你的联想能力，才是有效地运用修辞性表达的关键所在。

如果在设计一件产品时，只是从产品本身进行考量，只是参考类似产品的设计，或者只关注产品领域的事物，那么，这种关联性的范围将是狭隘的，会限制获得语意传达的来源。在单一的符码中（比如某类产品）能够产生的联系性是有限的，然而，一个产品中可能涉及若干个不同范畴的符号和符码，尤其是各种文化符号，更是语意多样性和创意性的最好来源。

  一个产品和符号与文本间的关联性是完全开放性的。然而，这种自由度可能会使我们对它的存在和价值缺乏自觉的认识。因此，设计师需要去有意识地考虑和明确这种联系性。比如运用了何种符号，为什么要借鉴这些符号，你是如何对其进行改造的，用户能理解吗？

  明确语意性设计的创意来源是极为重要的，这可以使我们自觉地去探究产品中所包含的与其他符号和符码之间的联系性，并积极地去使用它。如图 2-50 的一系列索尼随身听概念设计中就非常明确地运用了潜水器械、豆子甚至茶道等符号作为其创意的来源。

图 2-50　SONY 概念随身听（设计者：索尼公司）

2.4 通过产品内部元素之间的关联传达语意

2.4.1 提喻与认知的简洁性

产品内部元素之间的合理组织可以通过各种关联传达出用户期望的语意。这种设计策略本质上是考虑到了人们认知上期望的逻辑性和简洁性，将复杂混乱的产品形式依据认知规律进行简化（而不是美感上考虑的简化），以凸显其本质，即产品部件的功能性，提高产品的易用性。

如图 2-51、图 2-52-a 中的电话机和遥控器更多地是从美学角度考虑的简洁设计，而如图 2-52-b 和图 2-53 中的电话机和遥控器则更多考虑的是用户认知上的简洁性。

图 2-51-a 电话机 1   图 2-51-b 电话机 2

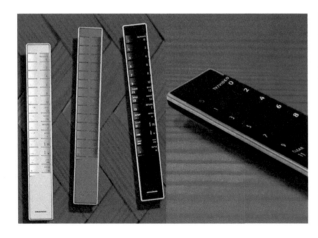

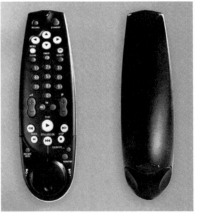

图 2-52-a 遥控器 1   图 2-52-b 遥控器 2

这样的思维如果从符号学和修辞角度考量，便是希望通过提喻的修辞方式进行语意传达。因为如前所述，提喻强调的正是通过本质性的关联进行表达。提喻有时因为具有部分 / 整体关系的替代特性而被认为是特殊形式的换喻。照相、电影中的特写镜头（Close-up）就是一个典型的提喻，用部分表现整体。特写镜头把人们的注意力聚焦于部分之上，部分之外的整体就好像也有着与这部分所描述的同样面

图 2-53-a　电话机 1　　　　　　　　　　图 2-53-b　电话机 2

貌和特征。特写镜头使我们能够在心理上将特定帧进行扩张；提喻可以突出一个部分同时掩饰其他部分。

这为产品语意表达提供了一种思路，我们可以通过部分替代整体的方式来简化人们的认知，电器和电子产品的电源开关键一般被设计得非常显著和惹眼。提喻通过聚焦于形式的特定方面，而忽略其他没有与之相联系的方面，可以影响我们的思维和行为。

如图 2-54 的老式缝纫机更多考虑的是装饰性，但过多的装饰和暴露的部件给我们的认知造成了障碍，降低了易用性。而图 2-55-a 和图 2-55-b 的这些现代派的缝纫机不但考虑了审美上的简洁性，

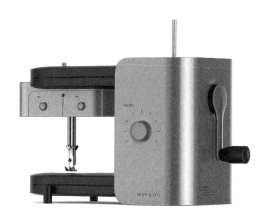

图 2-54　蝴蝶牌老式缝纫机　　　　　　　图 2-55-a　Sewing Pro（设计者：Onurhan Demir）

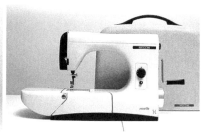

图 2-55-b　各式缝纫机

还通过色彩、材质、表面处理、形状和大小对比等各方面的充分考虑，使整个机器无论在视觉上还是在触感上都清楚明了，提升了认知上的简洁性，提高了产品的易用性。

在实际操作时，根据形式语言的特性，我们可以运用人类知觉方面的原则和规律，运用产品形式的天然符号性来帮助进行语意传达。

2.4.2　形式的天然符号性

人们日常生活中所涉及的符码部分是为所有人共有的，这些符码是每个人一出生就能领悟的，是一种先天性的符码，与所处的社会文化背景无关。对于这些符码的研究属于人类生理学和心理学范畴。一些研究成果已经被广泛地运用在设计领域，比如其中影响较为深远的完形心理学（格式塔心理学，Gestalt Psychology）的某些研究成果。

完形心理学认为，在视知觉中人类存在特定的广泛特征，在符号学中可以称之为知觉符码的组成。通过研究，完形心理学家们总结出了"形（Figure）"和"场（Ground）"的概念。面对一个视觉图像，我们会从目前的关注中分离出一个突出的形状（一个具有明确轮廓的"形"），使其处于一个"背景"（或"场"）中。而当一个图像的形和场模棱两可时，我们会倾向于一种诠释，当我们感知到其中一个，轮廓就属于它了，它表现的就好像是在"背景"之前。

如图 2-56-a 所示，接近性原则会使我们倾向于将纵向（或横向）的点集合起来，因为它们之间的距离较近，因而将整个图案看作由数列（或数行）点阵组成。如图 2-56-b 所示，我们会倾向于将靠得较近的两条并置的竖线各自关联起来成为形，并将整体解读为三个半"‖"形组成的图案。而不是将靠得较远的两条并置的竖线各自关联起来，或是将其看作七条类似竖线的排列。

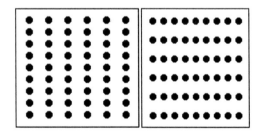

图 2-56-a　视知觉的接近性原则 1

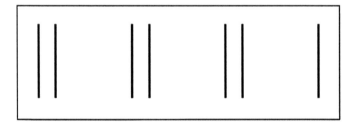

图 2-56-b　视知觉的接近性原则 2

完形心理学家概括了几点关于知觉组织的基本和普遍的原则（有时甚至称为"规律"），诸如"接近"、"类似"、"连续性"、"封闭"、"缩小"和"对称"等。所有这些知觉组织的原则都服从于简约合宜的原则，也就是令人愉悦的最为简单明确的诠释。这就是人类知觉上的简洁律。

完形原则表明，对于人类而言，世界不仅仅是朴素和客观外在的，更是经过知觉过程组织的。知觉组织的格式塔原则暗示了我们解读那些模棱两可的图像时，会预先倾向于某一种方式而不是另一种。并且这些人类知觉组织中的原则具备人类普遍具有的形而下特征。

而将这些原则运用于设计，首先，可以使产品看起来更"美"。一个产品看起来是否令人感觉舒服、平稳、和谐，或是富于节奏性、充满动感张力等，都和是否遵循这些原则有很大的关系。前述

图 2-51、图 2-52-a 中的电话机和遥控器主要从美感方面运用了简洁律。

　　而在产品语意传达中，我们更关注其符号性，可以作为设计师参考的语法规则用来组织设计文本。合理地运用这些天然的知觉符码可以为用户在产品认知的过程中提供指示性意义，帮助并简化认知。比如前述图 2-52-b 和图 2-53 中的电话机和遥控器就通过不同形状、大小、色彩按钮的组合传达出操作性的语意。而如果无意识或者错误地运用这些原则，则可能会给认知和操作带来困难甚至麻烦。

2.4.3　通过产品内部元素之间的关联传达指示性意义

　　不只是视觉，我们还可以通过触觉、听觉、嗅觉和肌肉运动觉等各种感觉来触发语意。对于人类而言，产品形式包含的每一根线条、每一种颜色、每一个触摸、每一阵声音都可能在特定语境中直接传达出知觉信息。设计师如果有意识地对这些产品形式本身具有的天然符号属性进行合理运用，就可以获得符合用户期望的语意传达。

　　我们可以对这样的语法规则进行大致的分类，但并非全面，仅供参考。一般而言，设计师可以通过以下产品内部元素的关联组合来传达语意细节。

（1）线形
　　如图 2-57 中灯具相互吻合的线形提示我们在认知上将它们视作一体。

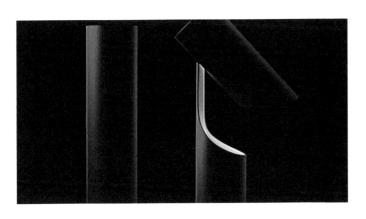

图 2-57　灯具（设计者：Christian Troels）

（2）质料色彩对比
　　如图 2-58 中的 Skype 网络电话通过各种色彩、材质和表面处理的变化和对比，简化了认知，提升了易用性。

（3）方向定位
　　如图 2-59-a 的小票打印机以及图 2-60-a 的打印机，通过线条的运用对出纸方向进行了方向定位和暗示，而与之相比，如图 2-59-b 的小票打印机则缺乏类似的方向定位。如图 2-60-b 也通过设

图 2-58　Skype 网络电话（设计者：IPEVO）

图 2-59-a　小票打印机 1

图 2-59-b　小票打印机 2

计对按钮进行了方向定位。

（4）功能元素（比如按钮）间的空间关系可以传达出层级、顺序和方向等关系

图 2-53 的遥控器和电话机中各种按钮排列的空间关系传达出了相互间特定的关系。

（5）强调与隐藏

强调可以传达出鼓励操作的意义，反之，隐藏则阻碍操作（比如 reset 按钮的设计）。如图 2-60-a、图 2-61 中的产品通过各种形态和色彩处理，突出了功能部位，起到了提示作用。

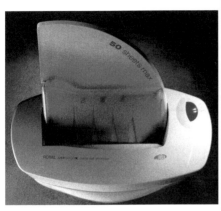
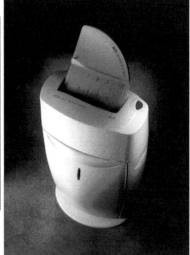

图 2-60-a 打印机　　　　　　　　　　　图 2-60-b POS 机

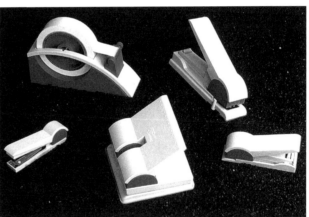

图 2-61-a 沥水盆　　　　　　　　　　　图 2-61-b 订书机

图 2-62 博世砂磨机

图 2-63　电子产品（设计者：Timba Tec）

（6）表面定位，肌理和色彩

图 2-62、图 2-63 中的产品通过不同表面定位、肌理和色彩定位暗示了不同的功能区域。

（7）外形（宽窄大小）、比例及其关系

如前所示的各种产品上的按钮之间的大小、比例和关系。

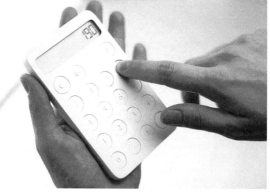

图 2-64-a　计算器 1

图 2-64-b　计算器 2

（8）间距（节奏和步调）

如图 2-64-a 的按键布局，虽然整体一致，但细小的差别和空缺仍让我们感觉到微妙的节奏变化，以及由此带来的暗示性。而图 2-64-b 的计算器按键布局则完全没有这样的变化性。

（9）统一与分离

如图 2-65 所示各种产品上操作按键的排列，统一与分离的关系传达出了按键功能之间的联系性和差异性。

图 2-65-a　飞利浦电器　　　　　　　　　　图 2-65-b　音响的操作按键

用户可以通过视觉、听觉、触觉、嗅觉和肌肉运动觉（建立在动作基础上）等感觉器官接受这些语意（表 2-10）。部分操作复杂的产品可以综合地运用这些原则进行设计。合理的设计能够有效地简化用户的认知过程，方便使用。

各种感觉方式与产品语意的关系　　　　　　　　　　　　　表 2-10

视觉	听觉	触觉	肌肉运动觉
形态 构造 大小尺寸 位置 色彩（色调、明度、饱和度）	音量（响度） 音调（频率） 时间间隔	温度 压力 肌理 软硬	运动 方向

2.4.4　实训课题

课题名称：通过产品内部元素之间的关联传达语意

课题内容：理解提喻，从认知的简洁性角度入手，每人找寻 3 个你认为在通过产品内部元素之间的关联传达指示性意义方面的典型产品，从各种知觉组织的"语法规则"尝试进行分析和评价。

教学目的：

（1）理解提喻与认知的简洁性。

（2）能够从通过产品内部元素之间的关联传达语意的角度对设计案例进行分析和评价。

作业要求：

（1）以个人或分组方式进行，以PPT方式进行汇报和讨论。

（2）可以从各种途径进行调研，比如从自己日常生活中的使用体验，各种产品和设计网站资源，以及购物平台中用户的真实使用感受等。

2.5 通过邻近性关联传达语意

除了通过产品内部元素之间的关联来传达产品语意，我们还可以运用换喻思维，通过邻近性关联，借助与产品本身直接相关的符号进行语意的传达。

2.5.1 换喻的概念和特点

换喻本质上是运用一个符号的意义去代替另一个意义的表达方式，而两者在许多方面是直接相关或者紧密联系的（比如用"你的脸已经很红了"指代"你已经喝了很多酒了"，用"想不想去开心一下"指代"想不想去玩一下"，两者存在因果上的联系）。同时，换喻的这种指代关系是建立在附属性（共同存在的事物）或者功能关系基础上的替换。如果说隐喻是建立在类似性基础上的替代，而换喻中两个符号之间的联系则是建立在邻近性基础上的替代。这样的概念和区分显得更加简明扼要。

运用换喻往往可以使抽象的意义变得更加具体（比如用效果来替代原因）。换喻的价值在于可以表现另一个与现有主题相关但却缺席的事物或者主题。

图2-66 无印良品"地平线"系列广告

雅各布森指出，换喻形式倾向于在散文中被置于显著的位置，而隐喻形式倾向于在诗歌中被置于显著的位置。他认为所谓的现实主义文学是与换喻原则亲密联系的。这样的文学性表现行为就像因果关系那样，是建立在时间和空间的邻近性上的。在散文和词中，换喻往往起到借景抒情的作用。比如：

"多情自古伤离别，更那堪，冷落清秋节！今宵酒醒何处？杨柳岸，晓风残月。"
"晚景萧疏，堪动宋玉悲凉。水风轻，蘋花渐老，月露冷、梧叶飘黄。"

离愁别绪和凄凉晚景是难以直观表达的内心情绪，但通过人物周围邻近性的具体场景，我们就可以产生联想，感受到作者的心情。

在视觉媒体中，换喻的运用非常广泛。上述两句词就仿佛让我们看到了两个充满情绪的电影场景，因此电影通常被认为是最常用到换喻的，比如电影中的长镜头的使用，就起到换喻的作用，通过拉大场景，将邻近的事物展现出来，以产生强烈的写实感，不借助语言和文字就可以达到渲染意境的效果。

如图2-66，无印良品著名的"地平线"广告，要表达"空"、"虚无"（Emptiness）的感觉可不容易，借助现实的情境，并使"人"置身其中，然后刻意拉大场景，意境就扑面而来了。

2.5.2 运用换喻传达指示性意义

在设计中，我们可以通过换喻运用与主题直接相关的邻近性的符号传达出指示性意义。比如各种各样的洗手间的指示图标就运用了换喻的思维（图2-67）。因为用文字不够生动直观，所以这种情况下往往用图标进行表达，运用了和用户直接相关的形象作为指示符号，这是一种邻近性关联。

在产品语意传达中，我们就可以运用类似的思路，通过换喻传达指示性意义，召唤出产品潜在或缺席的功能属性。这其实就是运用恰当的符号载体 A1 和这一功能属性 B2 联系起来，使抽象的功能属性以我们更为熟悉的方式呈现（图2-68）。

图2-67 洗手间指示图标

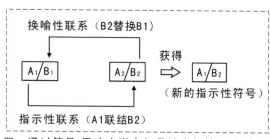

图2-68 两个符号间的换喻性联系

2.5.3 换喻在产品语意传达中的具体运用

换喻与我们的经验关系密切，因为它们通常涉及直接的联系。在产品语意传达中，这样直接的联系和替代可以有多种途径，以下所列举的虽不全面，其区分也不严格，但是却有助于我们理解换喻的特点及其在产品语意传达中的作用。

（1）效果替代原因（或结果替代原因）

产品的使用效果、过程、状况和品质等往往是抽象或缺席的，无法通过产品形式直接表述出来，但却有助于用户更好地使用产品，设计师可以运用换喻性的表达间接地将其召唤出来。

如图2-69，戴森吸尘器特意将集尘桶设计为透明，可以让用户直观地看到除尘的效果，感受到产品的品质，提升用户体验。

图2-69　戴森吸尘器

【如图2-70，深泽直人对日常使用的茶包进行了再设计，通过颜色来提示泡茶的合适状况。"再设计人们都已经很熟悉的茶包并不容易。我下意识地相信，在每个人沏茶到喝茶的过程中，存在一个意识的中心，茶色正好，可以饮用，这个意识的中心也是我们整个交互感觉的根本所在。无论你是在和人交谈还是自己在做白日梦，让你瞬间从'沏'到'喝'转变的是茶叶的红褐色。我在线绳的末端系上了一个半透明的指环，它的颜色是红褐色，足够浓的茶色。其实并不需要等茶的颜色渐变成指环的颜色之后才可以喝，也不需要知道指环的含义是什么。但是如果这个颜色代表了一种味道，而且是沏茶人谨慎表达他们对茶钟爱的方式，这就会是一件美妙的事情。"（摘自《设计中的设计》）】

【如图2-71，设计师以热敏感温变色油墨为材料的创意层出不穷，这款变色奶瓶（Baby's Bottle）便运用了这一技术。冲奶粉真不是什么难事，但是对于笨手笨脚的新爸爸新妈妈来说，也未必会是很简单的事，有这个会哭的奶瓶，就不用担心热奶会烫到baby了。当奶的温度在适合饮用的38℃左右时，绿色的热敏油墨就显示出一个小孩子的笑脸，当温度过高时，则会有一个小孩子大哭的红色面孔来警示不很

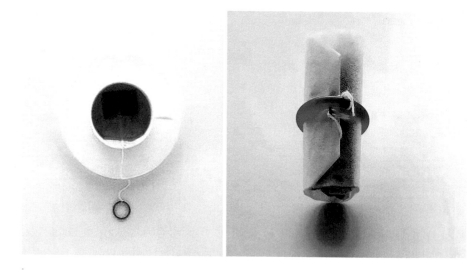

图 2-70 茶包（设计者：深泽直人）

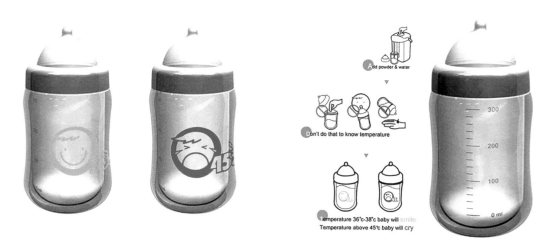

图 2-71 Baby's Bottle（设计者：Hung Cheng, Tzu-Yu Huang, Tzu—Wei Wang & Yu—Wei Xiang）

称职的爸爸妈妈。奶瓶可能的使用状况通过小孩子的表情直观地表达了出来。这种油墨的变色过程可逆，所以不需要电池以及其他电子元件，真的是既环保又方便。】

【如图 2-72，通过控制按钮等和它的操作结果之间的关联，可以显示用户的操作是如何影响产品内部状态的（开 / 关、转换、音量控制等）。这个造型现代的产品不像个烤箱，倒更像是个 3D 打印机。顶部从按钮处辐射开来的漂亮纹理，不仅是亮眼的装饰，也是对于开关操作结果的一种暗示。】

（2）使用者替代使用对象（或使用者替代使用状况）

与人机工程学相配合，许多产品有着与人体相关的暗示。人类的身体是设计师最有力的也是最常用的语意资源。如图 2-73 是鲁吉·克拉尼设计的佳能照相机概念方案。视镜处抽象的眼睫毛形态以及调焦处和抓握处的指痕形态，是为了指示照相机是如何操作的。因为当操作照相机时，眼睛和手会同时出现在指示处，这是一种邻近性关系。

图 2-72　烤箱（设计：Brava）

图 2-73-a　佳能概念相机 1（设计者：鲁吉·克拉尼）　　图 2-73-b　佳能概念相机 2（设计者：鲁吉·克拉尼）

（3）实质替代形式（或生产者替代产品）

包装设计经常运用这样的设计思维，因为包装内装的东西是什么、品质如何等信息无法直接呈现，而平面的文字和图案说明又太普通且不够生动直观，如图 2-74～图 2-76，因而产品设计中也同样可以运用这样一方式，如图 2-77～图 2-79。

图2-74 蜂蜜包装（设计者：Ah & Oh Studio）

图 2-75 果汁包装（设计者：深泽直人）

【如图 2-74，这款蜂蜜包装有别于普通的包装，形似蜜蜂的尾部，直观地传达出这是与蜜蜂有关的物品。整体设计也向人传达出该蜂蜜纯正无添加的品质感。】

【如图 2-75，这是深泽直人设计的一组果味饮料外包装，长得就像某些水果。于是，逛超市再也不用满包装地读那些"苍蝇"大的说明文字了，现在我们一眼就能看出它们是什么口味，也让我们感受到产品的诱人和新鲜。】

【如图 2-76，这是 Philippe Starck 设计的一款用来存取奶酪的容器，设计师为了表达其功能属性，将其设计成了抽象的"牛头"形态，暗示了这一产品的功能与牛的直接关系。】

【如图 2-77，Air Comfort 是一款小巧的设备，可以测量空气的温度和湿度，并将信息传回用户的智能手机。这款设备的外形直接取自临床温度计（1884 年，Joseph Hicks 获得了使用水银显示温度水平的临床温度计的专利，自此水银储存器和垂直形状成为一个全球性的视觉符号），添加了有趣而大胆的旋转操作，唯一平坦的边缘隐藏在底座上，运用了"冈布茨"（Gomboc，一类特殊的三维凸均匀体，最大的特征是无论以何种角度将其放置在水平面上，它都可以自行回到其稳定点）原理使产品可以轻松地直立。另外，一个类似挂钩的设计使它可以方便地悬挂。】

第 2 章 产品语意学理论与实训

085

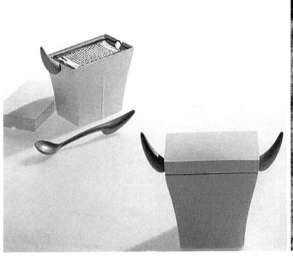

图 2-76　奶酪箱（设计者：Philippe Starck）

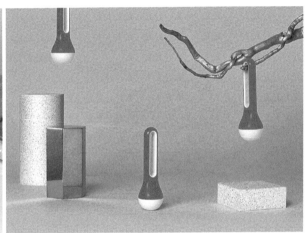

图 2-77　Air Comfort（设计者：Francois Hurtaud for iBeabot）

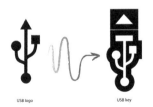

图 2-78　USB Key（设计者：Marco Leone）

【如图 2-78，通过图片大家可以很清楚地看到创作者的设计意图主要来自于 USB 的标志，而且还特地设计了一个类似不倒翁的底座，可以放在书桌上作为小小的装饰品。】

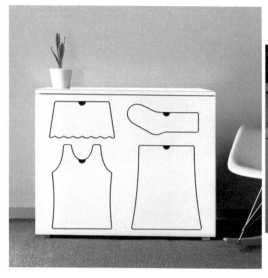

图 2-79　儿童衣柜（设计者：Peter Bristol）

【如图 2-79，这款儿童衣柜将抽屉设计成裙子、衣服、袜子的形状，方便儿童辨识各个抽屉的用处，让他们能够用一种直观而有趣的方式养成衣物分类放置的好习惯。】

（4）整体替代部分

比如最常见的圆珠笔和水笔，透明的笔身就是为了将内部展现给使用者，使我们可以直观地看到墨水的颜色和余量（图 2-80）。

图 2-80　真彩圆珠笔

图 2-81　戴森吸尘器 1

【如图 2-81、图 2-82，不像大多数吸尘器的外形设计，戴森吸尘器不但不隐藏，反而刻意将内部构件（比如其招牌的气旋式吸尘部件）通过造型进行视觉效果的强化，或者将动态部件刻意裸露出来，使用户可以通过这种简单直接的方式强烈地感受到其吸尘的强大功效。】

图 2-82 戴森吸尘器 2

（5）使用地点替代事件（或地点替代使用者）

产品使用的地点和使用者的信息是无法在产品中直接显现的，因此，我们需要通过替代性来间接地传达出这些意义。

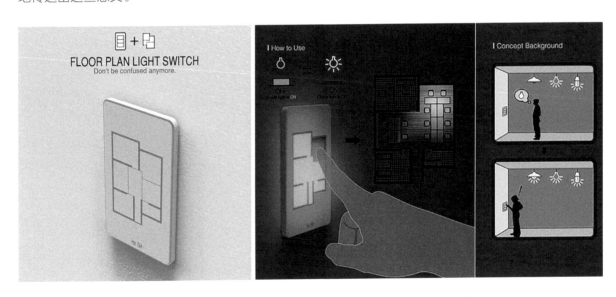

图 2-83 Floor Plan Light Switch 开关（设计者：Taewon Hwang）

【如图 2-83，当你有一个满是电灯开关的面板时，会难以搞清楚哪个控制哪个。平面图开关提供了一个简单的解决方案。开关根据房间的平面图进行设计，并对应相应的控制。就像把场景拉大，这样一眼就能看出哪个开关控制着哪个房间。】

我们也可以像散文或者电影那样通过换喻渲染意境的作用来传达产品的使用情境信息。比如卡西欧赛车表中就直接运用了许多赛车的元素（图 2-84），而斯沃琪手表也将使用场景的元素运用到了设计中（图 2-85）。

图 2-84　卡西欧赛车表

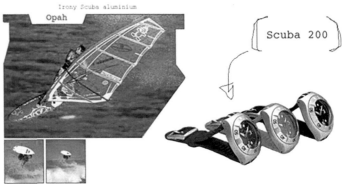

图 2-85　斯沃琪手表

2.5.4　实训课题

课题名称："显"

课题内容：运用换喻的思维对日常生活中的各种用品进行再设计，重新审视这些已经存在并且习以为常的用品，尝试将某些隐含之义"显现"出来。

教学目的：

（1）理解换喻的概念和特点。

（2）能够运用换喻思维进行设计创意。

作业要求：

（1）以分组方式进行。

（2）以小组为单位进行头脑风暴，讨论并汇总设计概念，绘制设计草案。

（3）筛选并确定设计概念进行深入设计，完成设计效果图和版面。

2.6 通过类似性关联传达语意

隐喻被认为是最为普遍的一种修辞方式，被广泛运用于各种设计领域。而在产品语意学中，隐喻也是一种创意的主要思维和方法，运用隐喻性的表达方式，设计师可以通过类似性符号传达各种产品语意。

2.6.1 隐喻的概念和特点

从不同角度出发，隐喻的定义可以有很多。但这些定义的共同点是：隐喻是用一种形象通过类似性替代另一种形象而实质意义并不改变的修辞方法。两种形象之间的类似性是隐喻的关键和基础。比如形容一个人"声音非常好听"，可以用"天籁"、"富于磁性"等形容词来进行隐喻。两个形象之间存在感觉上的类似性，尽管这种类似会显得夸张而模糊。

隐喻的这种替代是建立在明显的非相关性之上的，两者之间没有实质性的关系。因此隐喻性思维对想象力有很高的要求，需要从一个领域到另一个领域的变换（一个想象的飞跃）的跳跃性思维，比如从产品领域转换到植物和动物领域。所以隐喻通常与浪漫主义和超现实主义联系在一起，比如你在诗仙李白的诗中就可以看到大量夸张隐喻的运用。

图 2-86 松果吊灯（设计者：Pavel Eekra）

【如图 2-86、图 2-87 的灯具设计中，灯罩的形象为植物的形象所取代，而其实质意义（灯罩的外延意义）并不改变，联系两者的法则是风扇和植物形象间的类似性，而两者之间其实并没有什么实质性关系。】

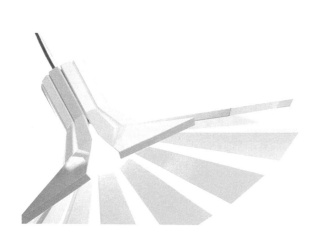

图 2-87　雏菊吊灯（设计者：Blat Lighting）

2.6.2　隐喻的作用

由于实质意义和基本意义只是意义的一个方面（外延层面），在实质和情绪基础上的各种联想和引申意义也是必不可少的（内涵层面）。由隐喻产生的增添意义或转移意义甚至可以不低于实质意义和基本意义。我们可以通过隐喻方式，根据更为熟悉或者更为简单具象的定义模型，来表达我们所不熟悉的事物或者复杂抽象的事物。在日常的语言中有着充足的例证，可以表明我们的思想和视觉隐喻是联系在一起的，比如光明、灿烂、阴暗、清晰、反射这样词汇的运用。许多复杂精细的情感和思想如果不借助隐喻是很难表达的，因此隐喻的作用并不只是哗众取宠，而是我们认知的一座桥梁。拉科夫和约翰逊认为："隐喻的本质是根据另一种事物来理解和体验一种事物。"在文学术语中，隐喻是根据修辞性的次要主题来表现一个"确定的"、首要的主题（要旨）。比如，"经验是所好学校，然而学费是高昂的。（海涅）"在这种情况下，"经验"这一首要的主题便根据"学校"这一次要的主题来表现。因此，隐喻典型地根据我们更为熟悉的定义模型来表达难以直接表达的事物。

在产品语意学中，我们便可以用隐喻来表达期望的意义。如前所述，如图 2-88 水壶的设计中就运用了许多隐喻来表达丰富的提示性和象征性意义。这样的增添性意义显然不低于其基本意义，正是这些符号的运用才使这一设计显得如此与众不同。

图 2-88　水壶（设计者：迈克尔·格雷夫斯）

在"2.1 产品形式的符号功能"中，我们已经分析过一个符号是图像性、指示性或者象征性不是绝对的，而是根据具体情境和意图而定，会以某种符号性为主导，并可能与其他符号性共存。并且由于象征性意义不如指示性意义那样实用而明确，再加上产品形式天然的图像性特征，使产品中的不同性质的语意更显得模糊不清，甚至是模棱两可，这使得产品形式可能具有的语意显得难于分析和运用。因此为了思路上的清晰，在后续的内容中，我们所探讨的图像性、指示性、象征性意义并不是绝对的，而是以某项为主导：

①以指示性为主导（具有一定的象征性和图像性）——主要体现提示功能；

②以象征性为主导（具有一定的图像性）——主要体现象征功能；

③以图像性为主导（具有一定的象征性）——主要体现美学功能。

并且，上述的分析都建立在单个隐喻的分析上，而同一产品中可能存在多个隐喻或者同一形象中可能存在多重隐喻，是各种隐喻的综合运用。如图 2-88 水壶的设计中就运用了多个和多重的隐喻。

2.6.3 隐喻与换喻的区别

换喻是从邻近的相关领域中寻找切入点，运用一个所指去指代另一个所指，建立在明显的相关性基础之上。而隐喻则相反，是从看似毫不相关的领域寻找可能性，建立在明显的非相关性之上。换喻不是像另一个事物，而是本来就跟那个事物直接有关。换喻的指示性也倾向于暗示它们是直接与现实相联系的。相比较而言，隐喻则首先是图像性或者象征性的。因此如果说隐喻总是和想象力丰富的浪漫主义和超现实主义相联系，那么换喻则是和现实主义相联系。

而在产品中，换喻的运用总是显得很容易和隐喻混淆。换喻的使用看起来似乎总会涉及隐喻，因为换喻的形式需要与产品的固有形象进行融合。无论隐喻还是换喻，虽然都是用一个形象 A 去替代另一个形象 B，但不像用语言表达，A 和 B 是可以清楚地分开的，在产品中，A 和 B 可能完全是一体的，它们共用一个形式，这就使得我们难以区分两者。

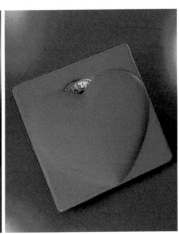

图 2-89-a 体重秤 1   图 2-89-b 体重秤 2

如图2-89-a的体重秤的设计便体现了换喻与隐喻思维的差别。体重秤像对脚丫？这看起来像是通过类似性联系起来的隐喻。但这样的表达未免牵强，因为按照这样的思路，由于产品形式很强的可塑性，我们完全可以使体重秤像任何东西（如图2-89-b中的体重秤），但显然，这样的设计会很平庸。在这里，更合理的解释则是运用了换喻的邻近性思维——提示孩子们称体重时得将双脚放在体重秤上。从产品语意学观点来看，体重秤"像"对脚丫（或者脚印）肯定比像其他事物更有逻辑性，更具说服力。

如图2-90中两个调味罐设计的比较也可以让我们理解换喻与隐喻的差别。除了用文字标签，如何直观地提示调味罐里放的是什么调料呢？

图2-90-a　调味罐（设计者：阿莱西公司）　　　　图2-90-b　"太妃糖"糖盒（设计者：阿莱西公司）

【如图2-90-a是一系列调味罐，设计者为了将各个调味罐的功能直观地区分开来，将把手设计成了制作这些调料的植物形象，并将调味罐整体隐喻性地设计成了盆栽的形式，不但起到了提示作用，还使普通的产品显得与众不同，充满了趣味性。这里运用的显然是换喻。因为这些植物作为调料的生产原料和调料是直接相关的。而如图2-90-b所示阿莱西公司生产的名为"太妃糖（Toffee）"的糖盒，则是运用了隐喻，通过两个形象意义上的类似性（而不是形式上的类似）——两者的基本意义都与糖有关，将两个形象联系了起来。这两个形象其实并非直接相关的。因此这个设计的问题在于很容易让人误认为是放太妃糖的，显然那样更加直接相关，更加符合逻辑，如果那样的话就是运用了换喻而非隐喻了。】

总之，不管怎样，换喻和隐喻的思维方式是根本不同的。当然，在实际情况中这两者有时确实很难区分，对于重在应用的我们来说其实也不必太过纠结，因为只要语意传达的目的和效果相同就可以了。

2.6.4　隐喻范畴的广泛性

由于隐喻是从一个领域到另一个领域的变换，两个领域在时空上都可以风马牛不相及，所以只要有足够的想象力，那么一切皆有可能，可隐喻的事物是无限的，因为一切建立在类似性基础上的联系和替换都可以视为隐喻。而如果这种类似性联系是没有被运用过的，那便更具创意性了。如图 2-91、图 2-92 的灯具，口袋、闪电，这些看起来和产品本身毫无关系的东西都通过隐喻被联系了起来。

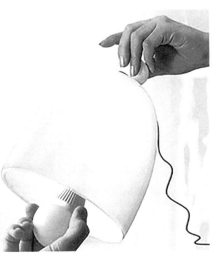

图 2-91　口袋灯（设计者：Elnur Babayev）

【如图 2-92，在闪电灯有趣的形式中体现的是一个严肃的信息。设计符号"晴天霹雳"源自一个古老的成语，用来形容人们面临的意想不到的灾难事件。这盏灯包含了通过改变你的观点来克服你一生中不可预见的挑战的信息。独特的设计和强大的信息结合创造了一个视觉上令人惊叹并有意义的灯。】

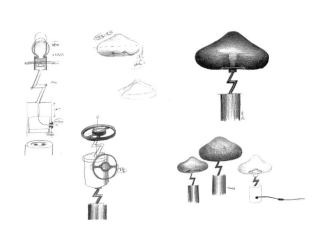

图 2-92　闪电灯（设计者：Jiyoun Kim）

隐喻也可以不建立在对产品的完整替换或显著类似的基础上，一个产品的结构关系或者某个部件（图 2-93），甚至一种色彩（图 2-94）、一种材质工艺（图 2-95）的类似性都可以看作是隐喻。

图 2-93　LUMIA 台灯（设计者：DEFRONT）

　　【如图 2-93，LUMIA 是一款基于操作体验设计的灯具，它重建了人与物体之间的关系，让用户在不同的使用需求下体验光对空间的影响，探索空间与物体之间的关系。用户可以直觉地通过手柄来调整光照角度，甚至光束的宽度，并且每次激活时都会调整到用户之前使用的设置。】

图 2-94　各种电动工具

【如图2-94，电动工具的按钮往往采用高纯度的红色或橘色等富有活力和激情的颜色，不但与机身色调形成鲜明对比，突出了其重要性，也暗示了其操作效果：按下按钮后电动工具便会运转起来，并起到警示作用，提醒你小心操作。这是通过色彩的联想性意义产生的。】

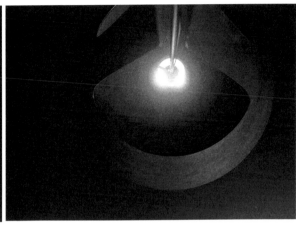

图2-95 工业风格吊灯（设计者：Marra Group）

我们不仅要关注隐喻在符号形式上的类似，还需要关注特定的设计表现符码的介入，比如特定的设计思想和风格。隐喻基于类似性的特征并不意味着对于表现客体的客观映射，隐喻所体现的象形符号的属性是带有一定象征性的，具有社会文化的惯例性。对于一个图像符号而言，似乎必须是对于任何从未见过它的人来说也要显得透彻明白，但这种假设不太可能在现实中出现。因为我们其实只是在已经知道其意义的情况下，才看到它们的类似性。对于任何符号的理解来说，习惯都是必需的，就如我们需要通过学习才可以明白一张照片，或者一部电影的含义。人类的任何一种创造活动都应该是思维的体现，过于具象写实的隐喻会降低设计的文化内涵，束缚用户的想象，也限制了使用的情境，局限了工业生产。

【在一个形象中可以存在多重的隐喻，如图2-96的灯具设计就运用了双重隐喻，其一是驯鹿的形象，其二则是折纸这种表现手法和风格。】

图2-96 驯鹿灯（设计者：Chen Bikovski）

【如图 2-97 的系列灯具的设计灵感来源于过去的矿灯和烛台，但却采用了极简主义的造型风格，使其符合现代的审美和使用情境。对于习惯了简约造型的我们，可能觉得这算不得一种符号和隐喻，但其实你也是通过学习才了解和习惯这种风格，要知道人类可是花了很长时间才形成这种简约的审美。】

图 2-97　Pit Collection of Lighting Objects（设计者：Kazuya Koike）

2.6.5　基于形式类似的隐喻和基于意义类似的隐喻

在前述中，我们已经指出隐喻的运用可以产生内涵，隐喻是通过两个符号形式（能指）或者意义（所指）上的类似性产生联系的（图 2-98）。因此我们可以根据隐喻中类似性联系的不同将隐喻分为两类（表 2-11）：

图 2-98　能指或所指的类似性联系

基于形式类似的隐喻和基于意义类似的隐喻	表 2-11
隐喻类型	语言例子
基于形式（能指）类似的隐喻	蜿蜒的公路
基于意义（所指）类似的隐喻	温馨的家庭

（1）基于形式类似的隐喻

当我们说天上的一朵云像某种动物，或者看到景区里的某块奇特的石头被命名为某个传说中的人物时，这种隐喻性思维产生的关联性显然是建立在形式类似性基础上的。这样的隐喻多少有点无厘头的意思，由此产生的内涵意义也与动物或者石头没有任何必然的关系。这样的隐喻可以说纯粹是由于人们情感上的需求。比如中国人传统上都喜欢讨个口彩，图个吉祥，因此我们会喜欢蝙蝠、鹿、鱼等形象，这首先并不是因为这些形象有多可爱，而是因为它们与"福"、"禄"、"余"等谐音，典型的形式上类似的隐喻。在这里，用事物 B（蝙蝠、鹿、鱼）来替代事物 A（"福"、"禄"、"余"），主要是为了表现事物 B，而不是事物 A。如图 2-99-a 中，"连年有余"年画中"莲"通"连"，"鱼"通"余"；而如图 2-99-b 的"五福临门"图案中，"蝠"通"福"。

图 2-99-a　"连年有余"杨柳青年画

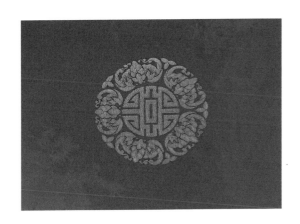

图 2-99-b　"五福临门"图案

但从人类运用隐喻的初衷来说，其实更是为了运用一个我们熟悉的形象来表现我们不熟悉的形象。这一方面可以是意义层面的，也可以是形式层面的。比如不借助类似性，我们将难以向别人形象地表达一朵云的形状。

在语言中，比如当我们说"月牙形"、"鸡冠花"、"棉花糖"这样的词时，尽管是基于形式类似性，但不是为了情感需求，而是用事物 B 来帮助人们更加直观形象地理解事物 A，尤其当人们不熟悉事物 A 时。与之前的情况不同，在这里，主要是为了表现事物 A，而不是 B。所以这种基于形式类似的隐喻是出于实用目的的。

（2）基于意义类似的隐喻

如果说中国人传统上喜欢蝙蝠、鹿、鱼这些形象可以理解为形式上类似的隐喻思维，那么喜欢"梅兰竹菊"这些形象就可以理解为是意义上类似的隐喻思维，我们之所以喜欢这些形象，是因为将它们人格化了，是和古人崇尚的君子的理想品格相联系，因此被喻为花中四君子，但这种联系显然不是因为形式上的类似性，虽说"君子如兰"，但说两者形象类似不免贻笑大方，而是品格、内涵上的类似，也只有了解中国传统文化的人才能理解其中的意味。

在这里，运用隐喻的目的便是如前所述为了根据我们更为熟悉的或者更为简单具象的定义模型，来表达我们所不熟悉的或者复杂抽象的事物。即帮助我们用另一种事物来理解和体验这种事物。

在文学中，隐喻常被运用于诗歌体裁。分析我国的古诗是如何运用隐喻来表达象征意义的，可以给我们一些启示。以唐代张九龄的《感遇》一诗为例："兰叶春葳蕤，桂华秋皎洁。欣欣此生意，自尔为佳节。谁知林栖者，闻风坐相悦。草木有本心，何求美人折。"这首诗是作者遭奸臣谗言而贬谪荆州后所作的感遇诗十二首之一。开头便突出了两种高雅的花卉植物——春兰与秋桂。接着展示其欣欣向荣的生命活力。诗人以物之"本心"来比喻贤人君子的洁身自好、进德修业，也只是尽他作为一个人应有的本分，而并非借此来博得外界的称誉提拔，以求富贵通达。这是古诗中常用的运用隐喻来托物言志的手法，可以把不便直接表达的怀才不遇的心情和牢骚表达出来，从中我们可以体会出隐喻手法的妙处。

在产品语意性设计中我们就可以运用基于意义层面类似的隐喻通过产生内涵意义，间接传达出产品无法直接传达的指示性意义和象征性意义。

2.6.6　运用基于形式类似的隐喻传达产品语意

根据之前的分析，基于形式类似的隐喻也可以根据出发点和目的不同有所区分。在产品语意性设计中，我们也可以有类似的区分。如果说 A 代表产品，B 代表其他事物，当我们通过类似性用 B 来替代 A 的时候，那么我们需要考虑我们的出发点和目的主要是为了表现 A 还是 B。从产品语意学角度看，我们提倡的是表现产品 A，而不是侧重表现事物 B，因为后者更像是一种艺术创作，而不是强调产品的用途。

（1）运用基于形式类似的隐喻传达图像性意义

在这种情况下侧重表现的显然是事物 B，产生的意义以图像性为主导（包含一定的象征性），所传达的内涵意义与产品本身的属性没有什么关联，由于传达的主要是美学意义和情感价值，因此容易被认为缺乏实际意义，显得华而不实。严格意义上来说，产品语意学并不涉及这样强调艺术化和表现性的设计。本课程更不侧重此种设计。

这类设计显得更具艺术性。设计师在进行此类创意的时候，主要是将两者形式上的类似性作为考量，这需要形式上天马行空的联想能力。比如设计中常用的仿生手法便是典型形式层面的隐喻。

这样的隐喻尽管显得缺乏实际作用，但是在当今讲求个性化、情感性消费的市场背景下，它仍有其作用，比如可以满足消费者的差异性需求。对于儿童等消费群而言，产品的实用性显然并非最重要的，如图 2-100 所示。这样的设计可以使我们习以为常的产品显得不同寻常、富于魅力，如图 2-101 这样的产品。许多产品在我们的生活中显得再普通不过（比如大量的日用品），这些我们日常大量使用和碰到的产品话语过于直白、确定，因此显得呆板而乏味，这使我们容易忽略它们的存在，它们对于我们来说似乎已经成为一种单纯的功能载体。然而，因为普遍，它们也是我们生活中极其重要的组成部分，直接影响着我们的生活品质。隐喻的使用则可以使这些普通的物件看起来就像一个全新的产品，并成为一个情感的载体。通过用户感觉陌生的语意，产生情感性的内涵，使产品变得不同寻常、具有新鲜感，引起用户认知的兴趣，也为日常生活提供情趣。

所以某种程度上说，任何独特良好的隐喻其实也是符合语意学的初衷的，隐喻的形式会唤起消费者认知、探求的兴趣，从而使消费者更快更好地认可这一产品。

图2-100　各种 Koziol 产品（设计者：Koziol 公司）

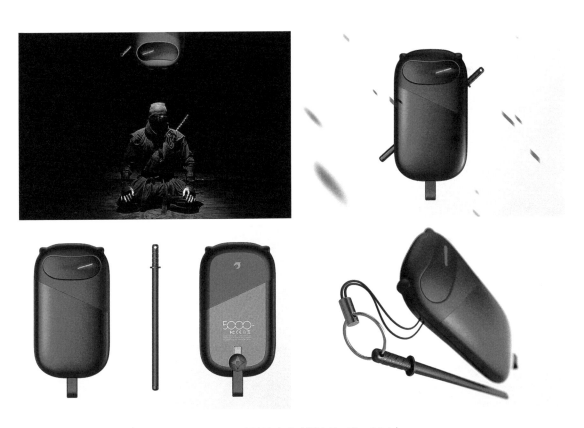

图2-101　忍者充电宝（设计者：Rice Mak）

（2）运用基于形式类似的隐喻传达指示性意义

在这种情况下产生的意义以指示性为主导（包含一定的象征性和图像性），所传达的内涵意义与产品本身有一定的关系，会带给用户与产品使用相关信息的联想，而不只是单纯符号形式上的联想。例如深泽直人设计的茶包和调味罐（图2-102、图2-103），这里的形式上的类似需要用户和操作联系起来才完整。它们仿佛在说一个故事，并使用户参与进来，产生戏剧性的效果，带来操作乐趣，如图2-104、图2-105的设计也是如此。

【如图2-102，这款茶包设计得像个提线木偶。浸泡茶的动作和玩提线木偶的动作有几分相似之处，设计师正是由此得到启发，把提手部分设计成提线木偶上的控制板的形状，而把茶包设计成人形。茶包被水浸之后膨胀起来，就会变成一个茶色木偶人。摆弄这个小茶包，就像玩提线木偶一样。这个方案使得"在下意识领域进行设计"的理念再次得到了表现。（摘自《设计中的设计》）】

【如图2-103，像乐器沙槌一样的调味罐，不用解说也知道要怎么做吧，看到它就想拿起来摇晃，上面的小洞让你可以把摇匀的调料洒在食物上。】

【如图2-104，鲨鱼泡茶器，当我们把茶叶或者水果茶的原料放进泡茶器的时候，茶的颜色就会随着液体蔓延开来，好像鲨鱼捕食时的"血腥"场景。】

【如图2-105，这是一盏台灯，却有远山和日出。设计师说，这款台灯的主题是"存在"和"虚无"。当前后移动灯的时候，它在墙面上投射的光的形状会随之变化，让那画面就像是日出与日落。】

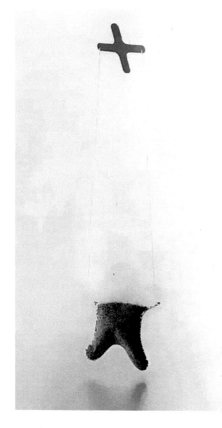

图2-102 "木偶"茶包（设计者：深泽直人）

图2-103 "沙槌"调味罐（设计者：深泽直人）

图 2-104 Sharky Tea Infuser（设计者：Pablo Matteoda）

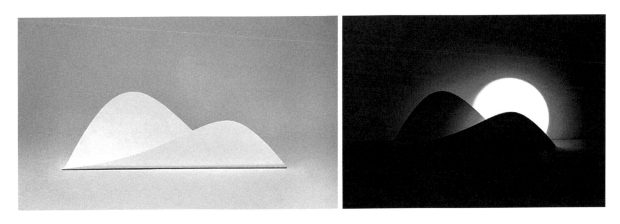

图 2-105 日出灯（设计者：Zhuang Yicun）

如图 2-106，戴森真空吸尘器机身上的圆形也是通过形式上的类似性对气旋式吸尘原理进行了隐喻和暗示。

【戴森 DC-01 真空吸尘器（图 2-106-a）作为工业设计的一个经典，它也充分体现了在语意设计上的创新，即产品在传达功能和价值的方式上的创新。戴森 DC-01 吸尘器的核心发明是一个迷你的"双重气旋"，了解它的工作原理，对于理解其产品式样的变化是十分必要的。

DC-01 型除了底座的刷子以外，看不到任何运转的部件。当尘埃和碎屑在圆筒内回旋时，气旋的效果才可见。但是，所声称的 100% 吸力很大程度上是通过视觉联想来传达的。气旋作为产品的核心概念，引出了一种螺旋形空气的意象，或是尘埃在气旋筒里形成同心圆的心理意象。这便为产品的式样定下了

图 2-106-a　戴森 DC-01 吸尘器　　　　　　　图 2-106-b　戴森吸尘器

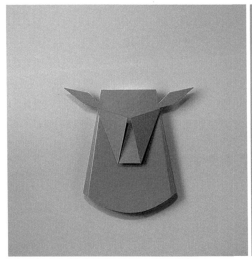

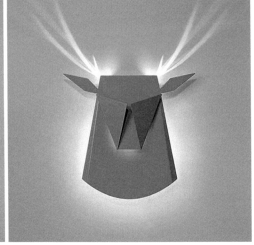

图 2-107-a　驯鹿灯（设计者：Chen Bikovski）

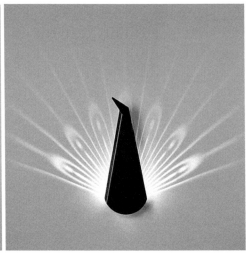

图 2-107-b　孔雀灯（设计者：Chen Bikovski）

图 2-108 各种 Koziol 产品(设计者:Koziol 公司)

主调。从手柄顶部到插头的设计,都画了 360° 左右的全圆或圆弧。例如,轮子内侧有三个同心圆,一块小"挡泥板"固定在某个角度,既显示动力能量,也呼应气流进入圆筒的切线方式——产生气旋的最佳角度。当然,其中某些圆形具有真正的实用目的。(摘自《设计的文化》)】

有的产品虽然不能与操作动作和过程结合起来,但可以使用户通过类似性联想(比如操作使用前后的对比),参与到产品的使用状况和效果的产生中,使产品不再是一个静态的形象,而成为一个可以互动的能带来操作乐趣的玩具,如图 2-107 的灯具、图 2-108 的 Koziol 产品。

(3)运用基于形式类似的隐喻传达象征性意义

其实任何基于形式类似的隐喻其形象都可能会带来一定的象征性,哪怕是一种表达风格。而我们分析和判断是以图像性还是象征性为主导的依据是,这样的隐喻创意的出发点和目的是否建立在表达意义的基础上。因为我们期望的象征性的设计意图应该是"所指明确"的,而不是"所指不明"的。

例如下面两个例子,运用这些符号显然不是为了形式美,而更重要的目的是象征性和文化性,设计师的意图清晰,设计的所指明确。

图 2-109　Scrap Lights（设计者：Graypants）

【如图 2-109，"Scrap Lights"，顾名思义是用废纸板作为材料制成的，非常环保的设计，同时也采用了传统的编织工艺，这使灯罩看起来像是藤编或者竹编的篮子，光线从缝隙中透出的图案也很漂亮，营造出了非常温馨的氛围。】

【如图 2-110，Sand Bridge 吊灯，灵感来自于波兰标志性的红色悬臂桥——沙桥。即使不熟悉这座桥，我们也能因为灯独特的框架感受到其浓浓的工业风格。】

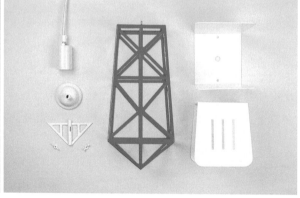

图 2-110　Sand Bridge 吊灯（设计者：Julia Kononenko）

然而这样的设计本质上其实还是以设计师的自我表现或者表达为主，就像艺术创作，创意的来源往往是先看到了一个形象，然后希望将其和某种产品结合起来，所以说是基于形式类似的。因此这样的象征性意义的传达也不是本课程侧重的。

而在产品语意学中，与以上基于形式类似的隐喻相比较，我们更侧重也运用更多的则是基于意义类似的隐喻，以下两小节，我们将分别从运用基于意义类似的隐喻传达指示性意义和传达象征性意义这两方面分别进行分析和探讨。

2.6.7 运用基于意义类似的隐喻传达指示性意义

这种情况下产生的意义以指示性为主导（包含一定的象征性和图像性），并且这种指示性较为明确和实用，是产品语意学最为常用的策略和方法。

这种人性化的设计思维最鲜明地体现在如今的产品软界面——图形用户界面（GUI）设计中，其特征主要是区分于旧式的文本界面（Text Interface）。早期出现的文本操作界面（如DOS系统）主要以键盘为输入端，采用文字输入命令（Command）形式，用户必须准确大量的记忆相关命令，并且界面显示相当不直观，命令的输入与反馈有很大的不可预知性。20世纪70年代苹果公司率先开发具有直观显示操作特性的 Apple Macintosh 系统，随后得到迅速推广，使得用户操作计算机的困难性大大降低。GUI 中运用了大量隐喻来方便用户认知，比如最为深入人心的"桌面"，还有文件夹、垃圾桶、操作按钮等，各种形象的图标既可表意，又可引发联想，便于认知和操作，激发使用兴趣（图 2-111）。

图 2-111　DOS 界面与 GUI 界面

（1）运用基于意义类似的隐喻传达产品的功能属性

设计师可以运用基于意义类似的隐喻，通过另一个我们熟悉的形象所产生的内涵意义来传达产品的身份，揭示产品的功能——比如这个产品是什么？有什么用途？功效如何？使用状况怎样？

我们已经指出过，这种设计思路对于创新性的产品而言尤其重要。创新性的产品或许是人们完全陌生的，而更多的则是具有类似的功能，但颠覆了人们心中熟悉的形象，这时候就需要通过一个我们熟悉的形象来帮助我们进行认知。

由于技术的发展，如今光源的形式已经颠覆了我们以前对于"灯"的印象。但我们可以通过基于意义类似的隐喻性设计重新使它变得令人熟悉，联系两个形象的是类似的功能意义——提供照明。

【如图 2-112，Pocket Light 是一个充满着创意的小光源，可以方便地放在钱包中。中间刻着一个"灯泡"，可以通过竖起和放倒控制内置发光体的明灭。"灯泡"由某种具有光导特性的材质做成。我们虽然不知道这具体是个什么东西，但从我们熟悉的灯泡——这个符号来判断，它是和照明有关的。】

【如图 2-113，从远处看，Silhouette Lamp 看起来就像普通的落地灯，它的名字来源于它的框架产生的灯罩状的视错觉。一个近乎平面的 LED 光源被巧妙地放置在光线通过灯罩照射的地方，以进一步增强这种错觉。】

【如图 2-114，现在你看到了，现在你看不到了。这盏假的壁灯，居然获得了 2017 年的红点产品设计奖，它被简单地称为"光"，给"灯罩"带来了新的含义。"打开它，光线通过一个精细切割的孔照射进来，在你的墙上形成一个经典的灯罩形状的错觉"，其带点幽默的简约风格。】

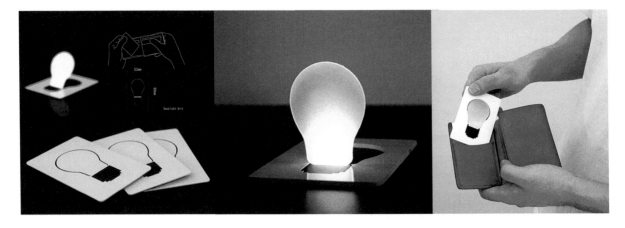

图 2-112 Pocket Light（设计者：Hyun Jin Yoon & Eun Hak Lee）

图 2-113 Silhouette Lamp（设计者：Kevin Chiam）

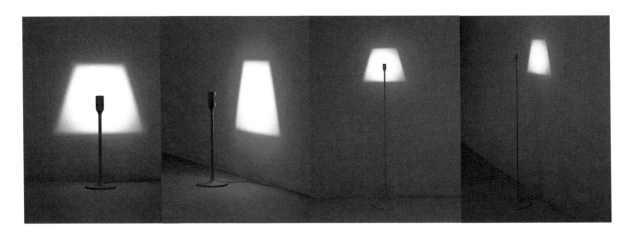

图 2-114 "Light"灯（设计者：YOY）

图 2-115 Travelamp（设计者：Sebastiano Tosi & Mattia Fossati）

【如图 2-115，Travelamp 是一个简单的硅胶套管，不但可以使手机手电筒刺眼的 LED 光源变成一个美丽的散射光，而且由于运用了我们熟悉的传统"灯"的形式，所以看起来分外亲切。】

当然，上述这些灯在传达出指示性意义的同时，灯泡和灯罩这些深入人心的符号还会产生象征性意义，使人们更具有使用灯的感觉，营造了一种象征的氛围和情境。

我们甚至还可以用隐喻来传达产品难以直接表达的功效和使用状况，比如工具中操作按钮的颜色（图 2-94），而以下两个设计也传达出了这种语意。

【如图 2-116，螺栓拧的紧还是松？Smartbolt 感应螺栓可以告诉你，它的螺栓头有一个感应盘，你拧的越紧它的颜色越深。当拧的力度用到最大的时候它就变黑了，完全是视觉上的，非常直观。它还有一个更精确的版本：当力度达到 90% 时由黄色变为绿色，达到 100% 之后就是黑色的了。】

【如图 2-117，NU.AER 是一款空气净化器，它看起来真是令人神清气爽心情舒畅，与我们印象中机器单调无趣的样子完全不同。不但滑动条有着提示如何操作的作用，设计师还将现在空气质量的结果通过画面呈现了出来。如果你不清楚自己房间的空气是否"清新"，你只要看看它显现的画面，如果画面看起来不像你希望的那样清晰，你只要调节那个滑动条就可以控制空气净化程度的强度，左图是垂直放置时的三种净化强度：最低、50% 和 100% 强度。】

（2）运用基于意义类似的隐喻传达产品的操作信息

隐喻也可以传达出操作性意义，比如产品如何使用，如何装配和拆分，操作过程和运转状况怎样，操作结果怎样，这可以使产品易于上手、便于操作，使用户乐于使用产品。

【如图 2-118，生活中很多意想不到的东西都可以成为一个指示性的符号，比如一个盘子就会让我们联想到可以往里面放置东西。深泽直人设计的这款带托盘的台灯，让你回家后可以很随意地把钥匙丢进盘子，这样台灯就会自动亮起来；而当你打算离开的时候，在取走钥匙的同时，灯会自动熄灭，这样台灯就成了一天的终点和新的一天的起点。】

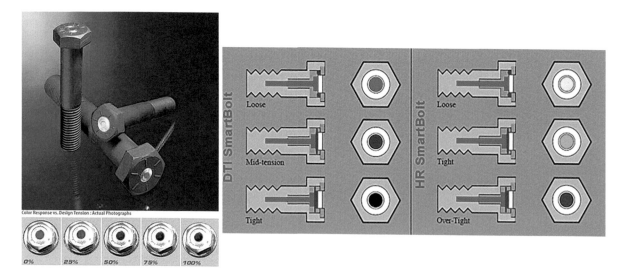

图 2-116　Smartbolt 聪明螺栓（设计者：Stress Indicators Inc.）

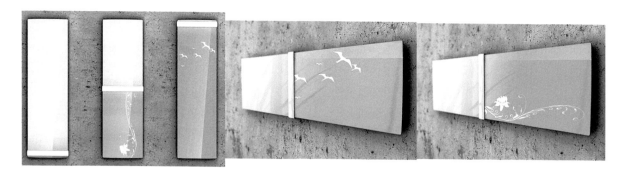

图 2-117　NU. AER 空气净化器（设计者：Jan König）

图 2-118　台灯（设计者：深泽直人）

这种思路同样可以运用在较为复杂的产品中，比如技术含量较高的电器和电子产品，设计师通过用户更为熟悉的形象来进行人机间的沟通。

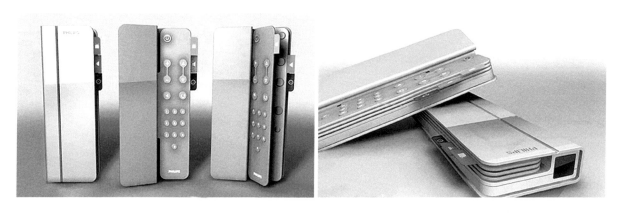

图 2-119　Book Style Remote Control（设计者：Chen Hung Ming）

【如图 2-119，Book Style Remote Control 的设计灵感来源于书本易于检索和使用的特点。它把不同电器的遥控器设计成书页一样，并且在侧面加有标签来指示不同电器。用来解决目前老年人使用遥控器时存在的问题，比如需要几个不同的遥控器去操作不同的机器且操作界面复杂。】

（3）功能属性与操作信息传达的综合运用

上述两种意义往往会结合在一个设计中，体现出意义的多重性。在传达产品功能的同时，其操作方式也已经可以直观地联想到了。当用户根据某个符号解读出这个产品是什么之后，就会自然而然地去顺着这个思路探索如何使用它了。

图 2-120　Bonfire Tripod Burner（设计者：Yu-ri Lee）

【如图 2-120，篝火灶的设计就像一团篝火使我们很容易理解其用途。当然它装备了现代的技术，采用微波加热，从而降低了危险。篝火灶采用了折叠式设计，便于收纳携带，收起时就像一根根木柴，打

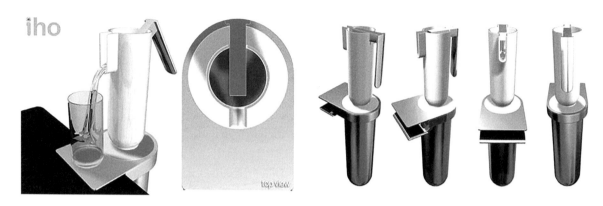

图 2-121　Iho Table Fountain（设计者：Sebastien Rouville）

图 2-122　Bookshelf 电脑（设计者：Sungho Son & Scott Shim）

开时则像把木柴支起。色彩的设计也很形象，更便于识别和操作。这款篝火灶的设计还可以帮助现代人感受野趣的氛围，体现出一定的象征性意义。】

【如图 2-121，Iho 饮水机的概念来自于老式的汲水设备，所以你很容易明白它的用途（跟水有关）和使用方式。】

【如图 2-122，Bookshelf 电脑在微软和 IDSA 举办的个人电脑设计比赛中获得评审团奖。Bookshelf 电脑解决了目前多媒体娱乐业务中一些非常普遍的比如数字内容的版权和使用不易入门的问题。用户可以通过购买数码服务商提供的模块化附件不断获得资源，这些附件易于添加和携带。Bookshelf 电脑的概念运用隐喻设计带给我们一种熟悉感觉，我们将想要的书一本本买来，用"书立"将书放置起来，形成自己的资料库。】

2.6.8　运用基于意义类似的隐喻传达象征性意义

隐喻还可以作为一种有效的说服性的设计策略和方法，使产品传达出各种象征性意义。毫无疑问，象征性最能体现符号的制度性特性，能够使产品传达出精神、社会和文化性因素。

其实由于产品形式的特点，或多或少都会体现出一定的象征性，因此我们在分析和探讨时，仍要明确象征性意义是否是主导性的。

（1）以图像性为主导，具有一定的象征性

基于形式类似的隐喻其形象都可能会带来一定的象征性，哪怕是一种表达风格。例如图 2-123 的榨汁器，运用了纸船这一形象。从语意学分析，这一符号的运用显然跟榨汁器的用途毫无关系，主要是为了其图像性，而折纸风格产生的一定的象征性也不是主导性的。这种情况可以和 2.6.6-（1）中的分析是相联系的，如图 2-100、2-101 这样的设计都属于此类。

图 2-123　AHOI 榨汁机（设计者：Koziol 公司）

（2）以指示性为主导，具有一定的象征性

这样的象征性其实是和指示性伴生的。比如以下两款咖啡机的设计，现代功能的咖啡用具却运用了传统器具的形象，联系两者的是意义方面的类似（都是具有制作咖啡的用途），让我们很自然地联想到这一产品是和咖啡甚至是和何种冲泡方式的咖啡有关，起到了提示功能。而同时也传达出传统手工冲泡的文化性和仪式感，具有象征意味。但在这里，从设计意图而言，指示性是主导性的，主要是为了有助于我们识别这一产品的用途，以及与之相联系的传统的冲泡程序和方法。当然，其象征性也相当浓厚。

【如图 2-124，设计师将经过时间考验的厨具品牌酷彩（Le Creuset）的传统系列厨具的设计语言应用于全新的咖啡具中。冲泡系统采用了一种漂亮的木材、玻璃和金属部件的组合，嵌套在一个井然有序的托盘中，温度可以调节。标准的咖啡壶被一个独特的玻璃杯取代，而时尚的不锈钢锥形杯则取代了纸质过滤器。现代美学与古老的冲泡方法相结合，时尚却又充满了传统的仪式感。】

【如图 2-125，Kaffa 咖啡壶结合了潮流和传统，以土耳其咖啡壶为原型，采用了经过时间考验的圆锥形设计，让用户在任何地方都可以享受土耳其咖啡的冲泡方式，且不需要明火。】

与上述两款设计相比，如图 2-126 的设计在概念上类似，这款泡茶机也是用现代的方式去制作传

图 2-124　咖啡具（设计者：Hannah Han & PDF Haus）

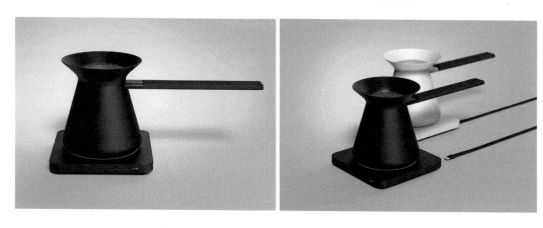

图 2-125　Kaffa 咖啡壶（设计者：Sedat Ozer）

统的饮品，并且在操作提示性方面，这一设计的操作部件直观易用，同样出色，并通过一系列灯光和声音来提示用户。但是显然也存在明显的差别，它没有考虑更多象征性的意味，或者说这里的形式体现的象征性只是现代感，而没有现代和传统的碰撞，因此缺乏茶文化方面的意味和仪式感，让用户会有新产品带来的陌生感，无法和熟悉的"茶具"联系起来，产生"这是什么？"的困惑。

（3）以象征性为主导，具有一定的图像性

这样的隐喻性设计的出发点是从作为人们思维产物的意义出发，而不是从有形的实体出发，因此是建立在意义类似基础上的隐喻，而不是形式类似基础上的隐喻。无论其语意传达的是否清楚，其设

图 2-126　泡茶机（设计者：Elisabeth Morris）

计意图至少是"所指明确"的。

　　比如上述两款咖啡用具设计中就不只有传统的意味，还有清晰的现代感，这种形式体现出的象征性意义使得咖啡用具不会因为外观过于传统而显得与现代的环境格格不入，设计师显然不是随兴为之，而是为了与其使用情境（语境）相协调。所以在这一隐喻的运用上，是以象征性意义为主导的。

　　在产品中，这样的隐喻的类似性往往是模糊的，象征性意味着我们需要借助一个惯例性符号的意义来理解和体验一个陌生的事物。这样，在理解隐喻时，我们就要比那些更为明确的基于形式类似的隐喻付出更多的诠释性努力，才能够理解一个模糊的隐喻所映射的类似性。而在大多数情况下，使用情境会暗示我们首要的主题是什么。但是，凭借经验和推测进行的这种诠释性努力，以及模糊意义的获得都可能是一种快乐的体验。

　　但显然，设计者所表达的意义与用户诠释的意义之间总有偏差的危险，这也使得象征性意义的分析会带有主观的发挥。戴森吸尘器是产品语意学运用的一个经典范例，下面关于戴森吸尘器分析的作者（并非本书作者）尽量从设计师本人对于产品语意期望的角度进行了分析，可以给我们一定的启示。

　　【如图 2-106-a 和图 2-127-a，仔细观察这个产品，就会产生一系列相关的联想。手柄上貌似散热片的东西没有任何实用价值。这里没有任何热量经塑料传达。相反，它们引起一些其他的联想，或许是有关工业机械、机车或飞机。吸尘器的有银色点缀的灰色调让人进一步想到航天飞机，而黄色的细节则使人想到重型机械设备。这个吸尘器噪音很大，伴随着吸进和排出足够的气流，电机隆隆作响。它有两个基本音再次暗示空气的流动，一个是在它推进时，刷子旋转带来的沉重震动（起飞）；另一个是在它直立时发出的更高、更轻快的声音（降落）。借助空气流动的联想，这个吸尘器"在外表上"传达了从气旋这个主题中延伸出来的有关效率、工作、运转和前进的隐含意义。

为了进一步延伸机器美学的关联，戴森产品采用的字体来源于德国现代主义设计学校包豪斯所设计的一种。这种字体不再使用大写字母，字体底部用圆形代替椭圆形，被认为便于远距离的阅读。

我们观察产品的外形、色彩、质地和声响，并思考这些如何创造了产品的内容和意义。正如它的设计师戴森自己所说的："以事物的功能为本的好设计，能解释它为什么更好，为什么值得购买。如果它看上去'是那么回事'……那么它就会给人一种高效的印象。"（摘自《设计的文化》）】

图 2-127-a　戴森 DC-01 吸尘器

图 2-127-b　戴森吸尘器 1

图 2-127-c　戴森吸尘器 2

图 2-127-d　戴森智能吸尘机器人

图 2-128　无印良品的各种产品

其实无论对于设计者还是用户而言，象征意义都会是模糊的，但设计者可以努力使这种意图清晰。正如戴森的系列产品都强烈地带给我们"高科技风格"的意图（图2-127）。

而与之相比，另一家以设计著称的品牌无印良品则传达着截然不同的象征性意义（图2-128）。将其作为例子是因为无印良品所期望传达的这种意义和戴森一样，已经绝不是个人的感觉和联想，而是随着其品牌和设计师的理念得以明确甚至标签化了。无印良品的商品具有简洁的特征，但它不是出于极简主义的风格刻意为之的，在其背后是某种精神和文化性。无论是"禅意"、难以描述的"空"或者是"性冷淡"的克制，总之打动人的都是毫无疑问的象征性意义，是一种强烈的美学意识、生活态度、生活哲学甚至世界观的具体体现。

尽管产品中象征性隐喻的运用显得模糊不清，缺乏理性基础，但这种意义传达的相对开放性并不表明设计者可以天马行空，产品所处的语境（使用情境）是这种限制性的体现。在商业性设计中，这种限制往往体现于企业对产品目标消费群的不同定位。比如我们往往提及"车如其人"，这种拟人化当然不是指两者形式上的类似，而是两者内涵意义上的类似，一辆车所表现出的形式元素，其所传达的意义是可以体现用户所期望的象征意义的（表2-12）。

不同汽车品牌及其定位　　　　　　　　　　　　　　　　表2-12

汽车品牌	定位
帕萨特	商场征战利器，实力的象征；30～35岁男性，高级商务人士；聪明、圆滑、时尚、典型实力派人物；张扬、好斗、喜欢冒险；是社交场上的活跃分子
风神新蓝鸟	E时代的尊贵享受；热衷于时尚、科技，是潮流的引领者；注重生活的高素质，有点享乐主义者的味道；文化层次及社会地位很高的高层管理者
宝来	"驾驶者之车"；30岁左右男性，高级白领，私营业主；事业刚踏上稳定发展阶段；渴望驾驭动力，彰显个性与自我

因此，设计者不能完全从自己喜好的设计语言进行设计，而是需要对于用户期望的象征意义进行了解和把握，这可以通过调研和经验获得，并将其用精炼的语汇先表述出来，设计者的最终任务则是要努力使这些语汇表达的象征意义用可视化的形式表现出来。设计师可以通过从各种领域中获得这种类似性意义的来源，来传达出期望中的象征性意义。在后续的设计实训中，我们将采用这样的方式传达象征性意义。以下所述虽是较早的访谈，但同样可以带给我们启示：

西门子手机设计开发项目组成员在接受杂志记者采访时曾谈到"在手机设计方案的具体深化过程中，也有很多种获取设计概念来源的方法。如在针对商务用手机的设计中，基本的设计语言描述是：精确、可靠、锋利等。我们尝试在意大利品牌'阿玛尼（Armani）'的西装裁剪、缝线工艺中寻找感觉。而针对有'纯粹、神秘感、象征意味的'SL级别手机的设计中，我们则是在时尚品牌'古琦（Gucci）'的系列产品中寻找类似的设计语言。这种设计方法，也让我想起之前在穆特修斯艺术学院就学时的一个课题项目。那是为摩托罗拉德国公司所做的一个手机项目，每位学生自己寻找一款在市场上较为成熟的品牌，手机品牌除外。然后分析这一品牌所固有的设计风格特征，并将这一设计语言运用到摩托罗拉的手机中去。涉及的品牌有意大利的时尚品牌帕拉达、德国宝马公司的副牌小型轿车 Mini 以及大众化品牌瑞典宜家家具等。最后项目完成的结果非常好，出现了许多耳目一新的机型。"（摘自《产品设计》杂志）

2.6.9　实训课题

可根据专业方向和课时安排等具体情况选择若干课题进行实训，选择其中较好的创意进行深入设计，重在设计思考的过程，主要目的在于培养产品语意学的思维方式和想象力。

【实训课题1】

课题名称："容"之"趣"

课题内容：参考 2.6.5-（2）运用基于形式类似的隐喻传达指示性意义，对日常生活中的各种"容"器进行再设计，重新审视这些已经存在并且习以为常的日用品，尝试将用品的"使用"信息传达出来，比如使用的动作、状态、过程和效果等，传达出指示性意义，起到一定程度的提示作用。使用户通过各种类似性联想，参与到产品的使用状况中来，通过互动带来操作乐趣。同时也感受到符号形象带来的图像性美感和象征性意味（案例参见图 2-102、图 2-103、图 2-105、图 2-108、图 2-129 以及图 3-1）。

教学目的：

（1）理解运用基于形式类似的隐喻传达指示性意义。

（2）能够运用基于形式类似的隐喻思维进行设计创意，传达指示性意义。

图 2-129　Fuji Plate Set（设计者：张子恒/指导：陈浩）

作业要求：

（1）每人分别绘制思维导图，从各种领域的"容"器中，寻找创意的可能性。

（2）以小组为单位进行头脑风暴，讨论并汇总设计概念，绘制设计草案。

（3）筛选并确定设计概念进行深入设计，完成设计效果图和版面。

【实训课题2】

课题名称："水"的故事

课题内容：本课题以"水"为主角，运用隐喻设计思维对"水龙头"这一设计载体进行创新性设计。希望你能讲述一个关于"水"的动人故事，运用各种技术可行性，从各个角度探讨语意性设计的可能性（比如使人们直觉地知道这个产品是什么，如何操作，适用于什么环境），给予"水"的使用以新的意义，为用户带来操作的便利与乐趣，以及创新的操作体验，能够引导和鼓励用户与"水"互动（案例参见图2-130～图2-133）。

教学目的：

（1）能够结合具体设计对象对产品语意传达目标进行分析、设定。

（2）能够运用隐喻设计思维进行设计创意。

作业要求：

（1）设计调研。分组对水龙头这一设计载体进行调研，并撰写调研报告，目的是了解相关的技术知识和发展趋势，能够为后续的创意和设计提供技术可行性支持。

（2）明确指示性意义传达的目标，列出语意清单（以及可能需要避免的问题语意清单）。即通过功能分析和功能定义确定可能传达出哪些具体的指示性意义，比如水的开启和关闭、调节水温、调整水流方向等。

（3）绘制思维导图。根据第2步的目标和清单，以小组为单位进行头脑风暴，运用隐喻设计思维通过各种方式传达期望传达的意义。

（4）确定设计概念。以小组为单位对设计概念进行筛选和汇报，确定若干可行的概念。

（5）确定产品预期的使用情境和文化情境，以此明确象征性意义传达目标，并用言简意赅的词汇描绘出象征性意义的语意清单。

（6）对设计概念进行整合性设计。绘制设计草图，综合考虑各种语意传达的要求，并寻找和参考支持象征性意义的造型语汇。

（7）完成设计。综合各种设计考量，并根据第1步的调研，进行技术可行性配合，完成最终设计方案。

（8）对设计方案进行自我评价，分析是否达到了语意传达的预期目标。

图 2-130　Noah 水龙头（设计者：Bálint Szalai）

【如图 2-130，这款水龙头带来了"翻转"的直观动作。水龙头一直以来都与扭转动作联系在一起，但 Noah 水龙头却与众不同，并且它的形式带给我们的联想让它使用起来很直观，而且也很有趣。水龙头顶部有一个温度调节器，可以旋转 90° 在冷热之间变换。然后你只要把水平管道翻转下来，水就会流出，用完了再翻上去即可。】

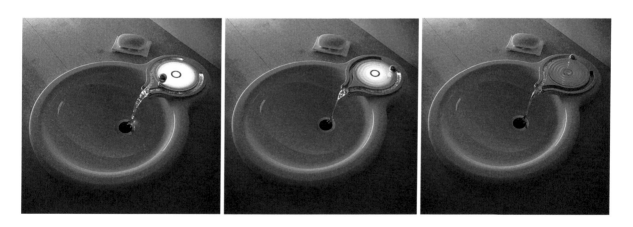

图 2-131　涟漪水龙头（设计者：Smith Newnam & Touch360 Studio）

【如图 2-131，这款梦幻般感觉的涟漪水龙头（Ripple Faucet）创造了一个新颖有趣的方式与水互动。它的开关表面被一块涟漪状的毛玻璃覆盖，配合玻璃板下面的 LED 灯映衬出"涟漪"的效果。整个装置包含一个电磁感应器，可以根据玻璃板上金属球的摆放位置来控制水流和水温，当小球位于中心位置，水龙头为关闭状态；小球距离中心越远，水流越大。而根据水温的变化，两侧的 LED 灯还会为这"涟漪"变换色彩。】

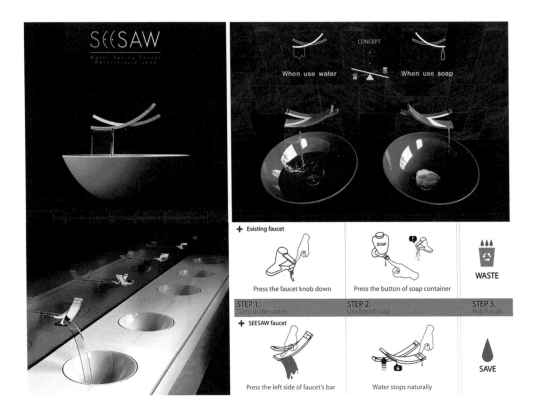

图2-132　跷跷板水龙头（设计者：Chanhee Han）

【如图2-132，顾名思义，这款水龙头的灵感来自跷跷板。向上向下的动作从左边分配水，从右边分配洗手液。生态因素的作用体现在这样的概念上，即你在使用洗手液时只会使用有限的水。正如设计者所指出的，它应该会在公共洗手间中表现良好。】

图2-133　PURE水龙头（设计者：Maxime（Dax）Dubreucq）

【如图2-133，PURE是一款优雅的触摸感应式叶片水龙头，就像你走在清晨的公园里，微风轻拂着芭蕉树叶，于是你踮起脚尖，轻轻拉下一片叶子，晶莹的水珠滚落……是的，设计者正是试图模拟这种自然的取水感受：造型修长，当你把它往下轻轻一按，水便会潺潺流出。而你手按下的角度，将可以控制水流打开的时间，按得越下，水便会流越久——而只要你松开手，这"叶子"就会慢慢地回到原本的位置，并将水流关闭。设计者解释说："与该产品的敏感互动可以精确控制所需水量，减少不必要的溢出和相关的饮用水浪费。""这个设计基本上是用手操作和传感器解读，让用户体验非常直观。"】

【实训课题 3 】

课题名称："光"的故事

课题内容：虽然对于我们日常生活中的各种"光"而言，智能控制正成为趋势，但过度的非实在感的控制也可能带来负面的效果，我们与产品的物理联系仍然会是人们本能的需求，是不可或缺的。本课题的设计对象可以是各种灯具类型或者以"光"为主角的创新产品。希望你能讲述一个动人的"光"的故事，通过语意性的设计使"光"的控制具有新的意义，为用户带来传统物理界面的真实感与乐趣，以及创新的操作体验，使人们直觉地知道这个产品是什么，如何操作，操作的效果如何等，能够引导和鼓励用户去尝试控制"光"。此外，今天各种新颖的光源技术，比如 LED、OLED 等，也为"光"的创意提供了更多的载体形式和可能性（案例参见图 2-112~图 2-115、图 2-134~图 2-138，以及图 3-2~图 3-4、图 3-9、图 3-10 ）。

教学目的：

（1）能够结合具体设计对象对产品语意传达目标进行分析、设定。

（2）能够综合运用提喻、换喻和隐喻等思维进行设计创意。

作业要求：

（1）设计调研。分组对"灯具"这一设计载体进行调研，并撰写调研报告，目的是了解相关的技术知识和发展趋势，能够为后续的创意和设计提供技术可行性支持。

（2）明确指示性意义传达的目标，列出语意清单（以及可能需要避免的问题语意清单）。即通过功能分析和功能定义确定可能传达出哪些具体的指示性意义，比如"光"的开启和关闭、亮度调节、光照方向调节等。

（3）绘制思维导图。根据第 2 步的目标和清单，以小组为单位进行头脑风暴，运用产品语意学设计思维通过各种方式传达期望传达的意义。

（4）确定设计概念。以小组为单位对设计概念进行筛选和汇报，确定若干可行的概念。

（5）确定产品预期的使用情境和文化情境，以此明确象征性意义传达目标，并用言简意赅的词汇描绘出象征性意义的语意清单。

（6）对设计概念进行整合性设计。绘制设计草图，综合考虑各种语意传达的要求，并寻找和参考支持象征性意义的造型语汇。

（7）完成设计。综合各种设计考量，并根据第 1 步的调研，进行技术可行性配合，完成最终设计方案。

（8）对设计方案进行自我评价，分析是否达到了语意传达的预期目标。

 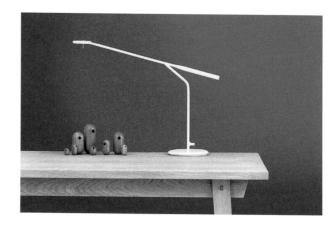

图2-134 Flow 台灯（设计者：Andreas Kowalewski）

【如图 2-134，Flow 台灯以其和谐的线条和令人信服的易用性吸引了用户。灯头上的小手柄和底座上调光器的形式使操作非常直观。】

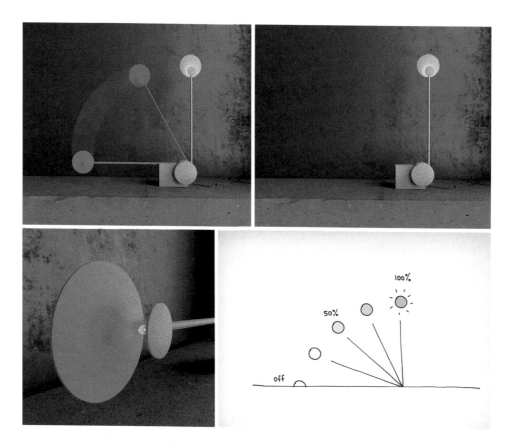

图2-135 Ra灯（设计者：Sergey Gotvyansky）

【如图 2-135，Ra 灯的设计者探索了一种新的方式来使灯光变暗或变亮，并改变人们感知这种控制明暗的方式。平时它静静地躺在地平线上，并不会发光发亮。但是，随着你将之升起，它会变得越来越亮，直到升起到正中，那里是它最亮的位置，就像太阳一样。】

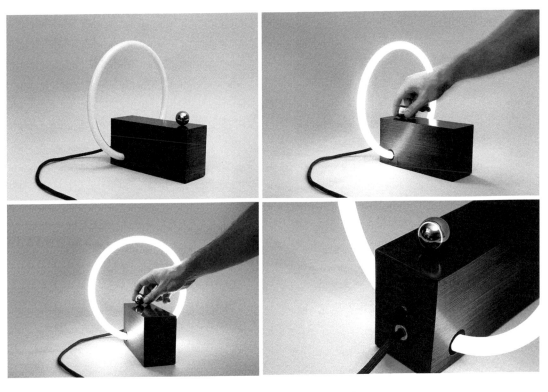

图 2-136　L3 灯（设计者：Rlon）

　　【如图 2-136，L3 灯是用磁场来触发光的。把金属球从它的位置（远离光）移到光环的中心，灯就神奇地被打开了。这几乎是"步入光明"的隐喻，球从黑暗到光明的旅程感觉近乎诗意。最后，灯打开了，在金属球周围形成了一个光环，产生了一种创新的产品体验。】

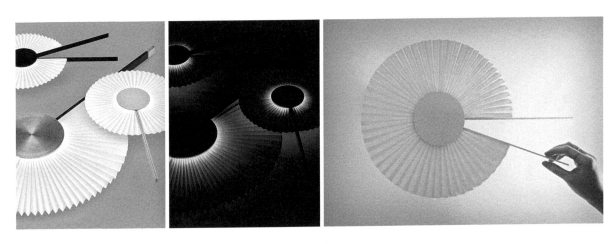

图 2-137　OI 灯（设计者：Hayoung Kim）

　　【如图 2-137，OI 灯探索形状、材料甚至概念的二元性。OI 是形状 O 和 I 的字面融合，是一种像日本扇子一样可以折叠打开的灯。OI 灯由高密度合成纸和铝制成，探索传统与现代材料相结合，同时也将扇子与现代照明设备相结合。使用 OI 是简单而愉快的，它以闭合的状态固定在墙上，要打开灯，只需打开扇子，扇子的开合就可以控制灯光的亮度，是非常直觉性的设计。开合之间，光影灼灼。】

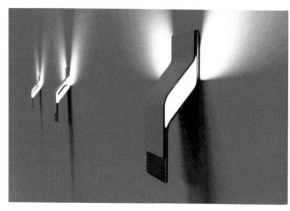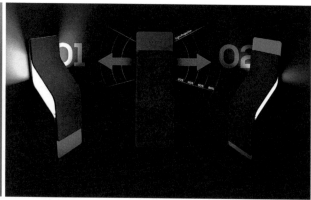

图 2-138　ELVIS 灯（设计者：Sushant Vohra）

【如图 2-138，我们已经越来越失去与光的物理联系！无论是通过按钮、开关，还是智能手机，我们都在远程控制灯光。ELVIS 是一款氛围灯，它引入了一种全新的（却也是旧有的）与光互动的方式，强调这种方式带来的触摸感觉。】

氛围光本身就具有刺激情绪的作用，它们就像光线对人的影响一样具有个人色彩。这款灯的目标就是建立在这种个人互动的基础上，并通过触摸和滑动光本身来创建一种新的用户—产品关系，从而提供一种多感官的环境体验。灯光的亮度可以通过上下滑动前面板来调节。

【实训课题 4】

课题名称：蓝牙音箱概念设计——颠覆产品印象与操作体验

课题内容：由于摆脱了电源线的束缚，音箱可以在更多的使用情境中使用，胜任更多的角色，用户对它的要求也从声音拓展到了更多方面。本课题希望从产品语意学角度对蓝牙音箱进行创新设计。蓝牙音箱一定只是常见的式样吗？一定只是用按钮、旋钮操作吗？可不可以和其他功能结合？可不可以成为更有意思的东西？总之希望能够通过语意性的设计颠覆固有的产品印象，通过产生新的内涵，使"蓝牙音箱"具有新的意义，为用户带来创新的操作体验，使人们直觉地知道这个产品是什么，如何操作，操作的效果如何等，能够引导和鼓励用户去使用产品，并从中得到乐趣（案例参见图 3-4~图 3-7）

教学目的：

（1）能够结合具体设计对象对产品语意传达目标进行分析、设定。

（2）能够综合运用提喻、换喻和隐喻等思维进行语意性设计创意。

作业要求：

（1）设计调研。分组对蓝牙音箱进行调研，并撰写调研报告，目的是了解相关的技术知识和发展趋势，能够为后续的创意和设计提供技术可行性支持。

（2）明确指示性意义传达的目标，列出语意清单（以及可能需要避免的问题语意清单）。即通过功能分析和功能定义确定可能传达出哪些具体的指示性意义，比如电源的开启和关闭、蓝牙的连接和断开、音量调节，以及放置、携带等更多扩展功能。

要求（3）～（8）请参见实训课题2《"水"的故事》和实训课题3《"光"的故事》。

【实训课题5】

课题名称：厨房小家电概念设计——颠覆产品印象与操作体验

课题内容：虽然智能控制正成为趋势，但不像其他产品，对于厨房小家电，尤其是各种料理机，我们仍需要许多实际的操作，因此我们需要通过设计为用户带来操作这些产品的兴趣和乐趣。本课题希望从产品语意学角度对各种厨房小家电（尤其是各种料理机）进行创新设计。这些产品一定只是常见的式样吗？一定只是用按钮、旋钮操作吗？可不可以成为更有意思的东西？总之希望能够通过语意性的设计颠覆固有的产品印象，通过产生新的内涵，使"厨房小家电"具有新的意义，为用户带来创新的操作体验，使人们直觉地知道这个产品是什么，如何操作，操作的效果如何等，能够引导和鼓励用户去使用产品，并从中得到乐趣。

教学目的：

（1）能够结合具体设计对象对产品语意传达目标进行分析、设定。

（2）能够综合运用提喻、换喻和隐喻等思维进行语意性设计创意。

作业要求：

（1）设计调研。分组对某类厨房小家电（如榨汁机、洗菜机等）进行调研，并撰写调研报告，目的是了解相关的技术知识和发展趋势，能够为后续的创意和设计提供技术可行性支持。

（2）明确指示性意义传达的目标，列出语意清单（以及可能需要避免的问题语意清单）。即通过功能分析和功能定义确定可能传达出哪些具体的指示性意义。

要求（3）～（8）请参见实训课题2《"水"的故事》和实训课题3《"光"的故事》。

2.7 讽喻与后现代语意游戏

　　丰富多彩的隐喻是后现代设计的一个重要特征，而另一种更能体现后现代设计思维的表达方式是讽喻（Irony，或称为反讽）。讽喻可以使设计传达出玩笑、调侃和戏谑的意义，来表现与产品本身没有什么关系的游戏娱乐的精神和玩世不恭的态度，甚至意识形态方面的企图。

　　但这种缺乏明确理论基础，似乎单纯从形式出发的设计方式也一直受到人们的诟病。在产品中，讽喻看起来很像是基于形式类似隐喻的极端体现，和隐喻很难清晰地分辨，总之这是一种更加强调艺术表现的方式。在此阐述，是为了有助于分析这样的作品，因为讽喻性的设计看起来往往是反认知的，跟产品语意学可以说是对立的，但它不是设计的错误导致的，而是故意为之，因此不能将其当作是问题语意和失败的语意表达。

2.7.1 讽喻的概念与特点

　　和隐喻一样，讽喻符号的形式看似意指了一个事物，但是我们从另一个符号的形式中能意识到它实际上意指着截然不同的事物。或者，我们可以将讽喻看作是夸张性的隐喻，但讽喻和隐喻是存在一定区别的。隐喻所表现的一个形象对于另一个形象的替代，是建立在相似性的基础上，而讽喻则是建立在差异性基础上。隐喻是帮助我们进行认知的，通常用另一个我们更为熟悉亲切的形象来替代需要表达的形象。而在讽喻中，通过夸张的替代，作者有意地破坏和颠覆了我们对于一种事物的惯常印象和体验，它不仅无法便于我们顺利认知这一事物的真实属性，甚至可能给我们的认知带来困难。

　　如图 2-139，"Is.a.brella——Is an umbrella"，是把伞，不是瓶酒，但不打开我们却认不出是把伞。这是幽默、戏剧性的设计。这样的一种形象对于另一种形象的替代显然是建立在差异性联系基础上，而不是基于相似性的隐喻，也不是邻近性联系。

　　与其他修辞方式相比，讽喻更难被辨别，因为讽喻还包含了语态上的转变。辨别时，需要对它的语态状况回过头来再想想。对一个看起来十分确定的符号进行讽喻性再评价，需要涉及它真实的意图和状况。当然，讽喻和谎言是不一样的，因为它没有要被当作"事实"来欺骗他人的意图，比如以"天气真好"这句话为例分析如下（表 2-13）：

实话、讽喻和谎言的区别

表 2-13

语态状况	表面信息	事实状况	真实意图
实话	"天气真好"	天气非常好	传达 / 告知
讽喻	"天气真好"	天气很糟糕	玩笑 / 幽默
谎言	"天气真好"	天气很糟糕	误导

图 2-139　ls.a.brella（设计者：OFESS）

2.7.2　激进与嘲讽

　　讽喻所体现的这种差异性，最为典型的是建立在对立概念的基础上，就是说我们能从另一个符号的形式中意识到它实际上意指着所述说的对立面。因此，讽喻一般反映了说者或者作者的思想或情感的对立面（比如当你明明讨厌一样事物时却说："我喜欢它"），或者反映了对于事实的对立态度（比如"这里可真热闹啊"，而实际上却凄凉一片）。许多后现代设计师运用讽喻的方式来表达对严肃、冷漠、垄断性的现代主义、国际主义设计的反感和挑战。

　　后现代设计往往运用与现代主义设计相对立的设计语汇来重新诠释经典的产品形象，与现代主义"优良设计"概念相对，他们仿佛表达着"这不是好的设计"、"这不是我们熟悉的产品"的态度，但事实上，其真实意图是与之相反的，体现出冷嘲热讽的态度。而设计者正是希望通过这种颠覆性的设计，对经典的现代主义产品"优良设计"形象进行质疑和戏谑——作为人造物的产品，其形式应该是多样性的，比如意大利激进设计小组 Studio 65 设计的座椅（图 2-140），便体现了这种后现代精神。

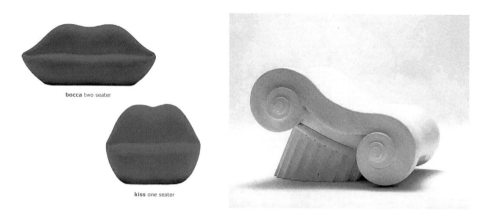

图 2-140　座具（设计者：Studio 65）

2.7.3　游戏与玩乐

讽喻更多地是建立在相异性或者分离性的替换上，比如"指鹿为马"。而从某些观点看来，夸张可以被当作讽喻。广告中这种修辞方式是经常使用的，在许多电影中也会采用这种无厘头方式。戏剧性的讽喻形式使解读者乍一眼理解了某些东西，然而另一些则需要解读者更细心地辨识之后才会发现，后者才是设计师所要传达的关键性信息。设计中多数的讽喻是以这种幽默、戏剧性方式呈现，体现出当代设计的游戏特点和玩乐精神。

【如图 2-141，菲利普·斯达克设计的 Bohem Stool，如果没有上面坐着的人，那么根据我们的认知习惯，这一形式似乎清楚地表明这是些"花瓶"，然而，它却是"凳子"。但这显然只是设计师开的一个玩笑而已。】

图 2-141　Bohem Stool（设计者：菲利普·斯达克）

03

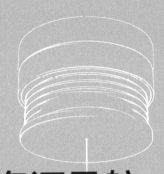

第 3 章　课程资源导航

第 3 章　课程资源导航

3.1　产品语意学课程作业

　　由于课时有限，课程作业主要以培养产品语意设计思维为目的，在合理性和深入性上会有所欠缺，仅供参考（图 3-1～图 3-10）。

图 3-1　"恐龙"冰棍模具（设计者：中国计量大学现代科技学院　张子恒 / 指导：陈浩）

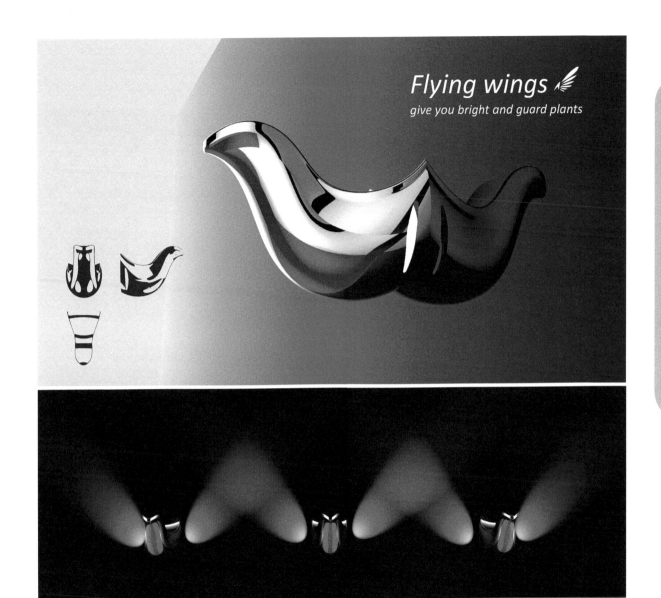

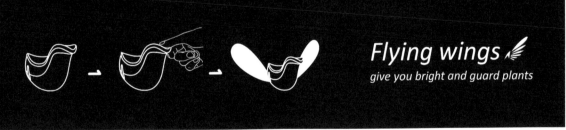

图 3-2　Flying wings 壁灯（设计者：中国计量大学　褚恬宁 / 指导：陈浩）

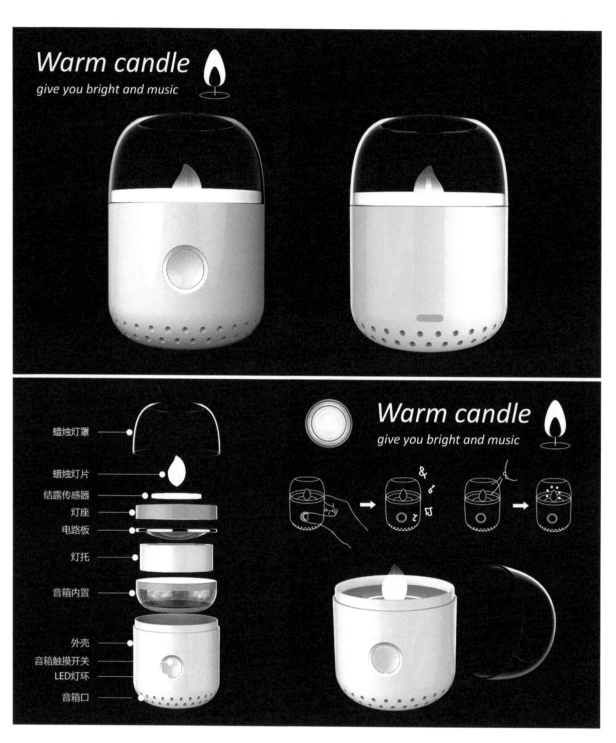

图 3-3　Warm candle 灯（设计者：中国计量大学　褚恬宁 / 指导：陈浩）

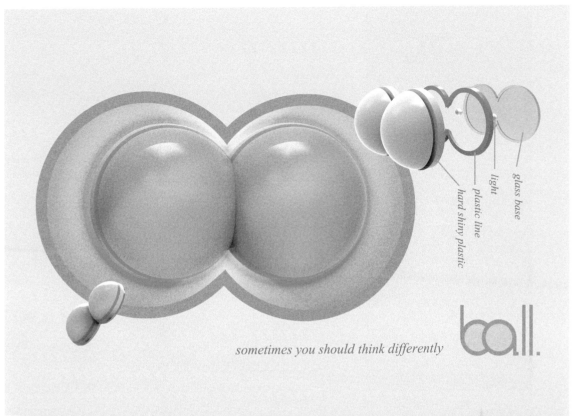

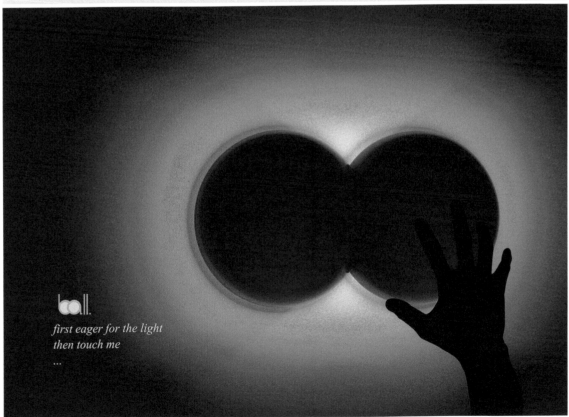

图 3-4　ball 壁灯（设计者：中国计量大学　费秋豪 / 指导：陈浩）

图 3-5 "健身壶铃"蓝牙音响(设计者:中国计量大学 林依静/指导:陈浩)

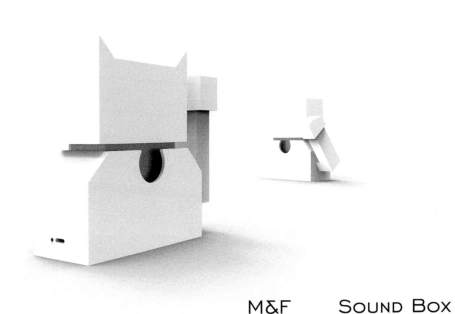

M&F　　　SOUND BOX

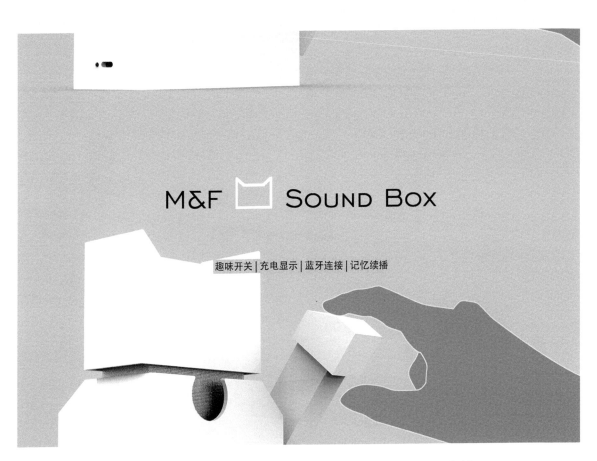

图 3-6 "招财猫"蓝牙音箱（设计者：中国计量大学　周一览 / 指导：陈浩）

图 3-7 "Cube beat" 蓝牙音响（设计者：中国计量大学现代科技学院　张子恒／指导：陈浩）

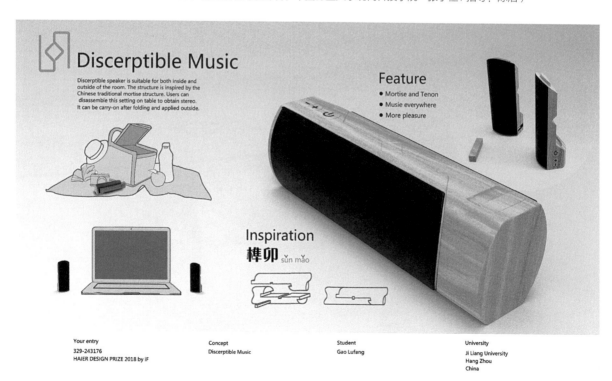

图 3-8 "榫卯" 蓝牙音箱（设计者：中国计量大学　高鲁放／指导：陈浩）

图 3-9　Balloon Light（设计者：中国计量大学　薛伟峰 / 指导：陈浩）

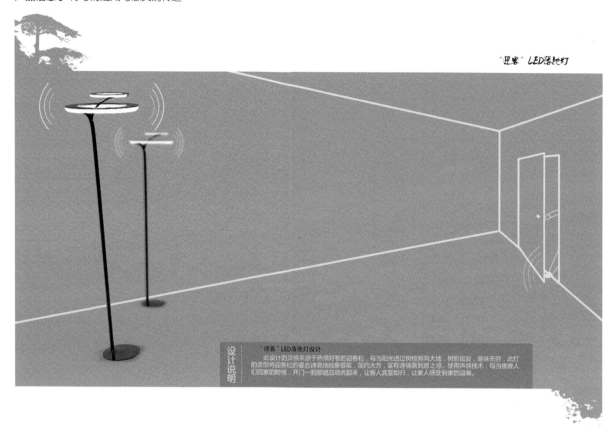

"迎客"LED落地灯

设计说明

"迎客"LED落地灯设计
　　此设计的灵感来源于热情好客的迎客松，每当阳光透过树枝照向大地，树影斑驳，意味无穷，此灯的造型将迎客松的姿态诗意地抽象提取，简约大方，富有诗情画意之感。使用声控技术，每当夜晚人们回家的时候，开门一刹那就自动亮起来，让客人宾至如归，让家人感受到家的温馨。

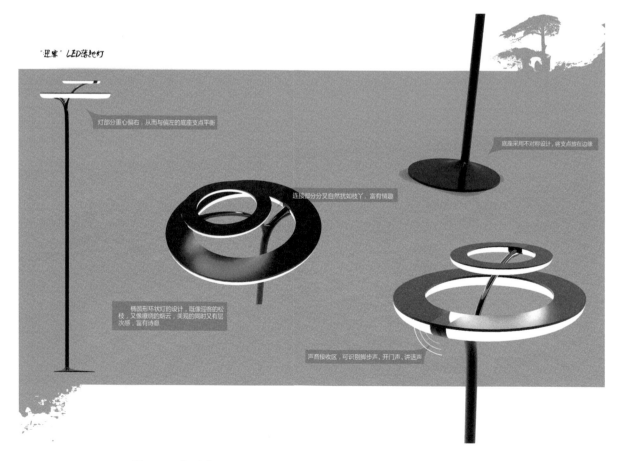

图 3-10 "迎客"LED 落地灯（设计者：中国计量大学 马贤君 / 指导：陈浩）

3.2　课程网站资源导航

Yanko Design【 www.yankodesign.com 】

Yanko Design 创于 2002 年，是北美、澳洲、日本、印度最具人气的工业设计发布站点。主要发布最棒的现代工业设计作品，许多超前卫的产品还有设计思路几乎在 Yanko Design 都可以找到原型。

普象网【 www.pushthink.com 】

普象工业设计小站旨在打造中国设计行业的专业平台。普象官网提供丰富的设计学习资料、红点设计奖作品、IF 大奖优秀作品、设计手绘稿、产品设计细节图、全球新设计产品图、设计师原创设计分享交流；全球优秀设计产品分享，帮助设计师提升眼界、开阔视野。

爱稀奇【 www.ixiqi.com 】

爱稀奇是一个分享新鲜玩意儿的博客，关注着一切有关科技、创意、设计和趣味的产品与事件，文字均为原创，受著作权法保护。

设计癖【 www.shejipi.com 】

设计癖致力于传播好设计。帮助设计师把设计变现：现实和现金；帮助消费者发现好设计；用设计为企业赋能。目前，设计癖已经成为全国影响力最大的工业设计新媒体。

红点官网【 www.red-dot.org 】红点奖，源自德国，是与 IF 设计奖齐名的一个工业设计大奖，是世界上知名设计竞赛中最大最有影响的竞赛之一。

花瓣网【 www.huaban.com 】

花瓣网是一家"类 Pinterest"网站，以及基于兴趣的社交分享网站，网站为用户提供了一个简单的采集工具，帮助用户将自己喜欢的图片重新组织和收藏。目前，花瓣网已经成为设计师寻找灵感的天堂！图片素材领导者！帮你采集、发现网络上你喜欢的事物。你可以用它收集灵感，保存有用的素材。

参考文献

[1] 陈浩，高筠.语意的传达——产品符号理论与方法[M].北京：中国建筑工业出版社，2009.

[2] 杨裕富.设计的文化基础：设计·符号·沟通[M].台北：亚太图书出版社，1998.

[3] Klaus Krippendorff, Reinhart Butter.Product Semantics: Exploring the Symbolic Qualities of Form [J]. Innovation, 1984.

[4] （美）唐纳德·A·诺曼.好用型设计[M].北京：中信出版社，2007.

[5] （美）Donald A. Norman.情感化设计[M].北京：电子工业出版社，2005.

[6] 胡飞，杨瑞.设计符号与产品语意[M].北京：中国建筑工业出版社，2003.

[7] 胡飞.工业设计符号基础[M].北京：高等教育出版社，2007.

[8] 张凌浩.产品的语意（第三版）[M].北京：中国建筑工业出版社，2015.

[9] （德）伯恩哈德·E·布尔德克.产品设计——历史、理论与实务[M].北京：中国建筑工业出版社，2007.

[10] （英）盖伊·朱利耶.设计的文化[M].南京：译林出版社，2015.

[11] （瑞士）费尔迪南·德·索绪尔.普通语言学教程[M].北京：商务印书馆，1980.

[12] 赵毅衡.符号学原理与推演[M].南京：南京大学出版社，2016.

[13] 李幼蒸.理论符号学导论[M].北京：社会科学文献出版社，1999.

[14] （日）原研哉.设计中的设计[M].济南：山东人民出版社，2007.

[15] 王受之.世界现代设计史[M].北京：中国青年出版社，2002.

[16] 滕守尧.审美心理描述[M].成都：四川人民出版社，1998.